ちく

原論文で学ぶ
アインシュタインの相対性理論

唐木田健一

筑摩書房

Two Einstein's papers
on Special Theory of Relativity
translated into Japanese are given
on the pages 104-150 and 299-303
of this book by permission of
The Hebrew University of Jerusalem, Israel.

著者から読者へのメッセージ

　まず本書の第Ⅲ章をざっとながめて下さい．これはアインシュタインが1905年に発表した特殊相対性理論に関する原論文の日本語訳で，特殊相対性理論の帰結として通俗的によく知られている事柄のほとんど（運動する物体における"長さの短縮"，"時間の遅れ"，"質量の増加"など）を含みます．

　本書は物理学を専攻としない読者に対しこの原論文に直接接していただくことを念じて用意されました．少なくとも，この企ての魅力的なことは読者のほとんどの方に同意していただけるでしょう．そして，著者の野心としては，単に物理学を専攻としない人びとということだけではなく，人文科学・社会科学を専攻とする（あるいは専攻とした）人びとにこの本を受け入れていただきたいのです．

　学においても，人類史上，私たちに直接・間接多大な影響を与えている画期的な仕事というのがあります．たとえば，私たちの時代に近いほうでの例を挙げれば，ダーウィンの『進化論』，マルクスの『資本論』，フロイトの『精神分析学』などがそれにあたります．そして，アインシュタインの相対性理論も，明らかにこの範疇に属します．ただし，ここに一つの問題があります．

　著者は物理科学を専攻としますが，たとえばマルクスの

『資本論』の原典（あるいはそのすぐれた翻訳）に直接接し，その論旨を一所懸命追うことができます．これはもちろん著者の〈能力〉によるなどというものではなく，少なからぬ自然科学徒に共通した事柄です．一方その逆，すなわち人文科学徒や社会科学徒のうち，アインシュタインの原論文に接しその論旨を追うことができる人というのはきわめて限られるというのが現状と思われます．この"非対称性"（あるいは不公平）は，もちろん，物理学が他の諸学に比較してむずかしい（あるいは"高級"である）ことを意味するのではありません．しかしながら，物理学（あるいは一般に自然科学）は他の諸学に比較して"しきいが高い"ことは事実のようです．本書はこの"非対称性"を少しでも打ちこわすべく企画されました．

　このように書くと，次のような意見が現れそうです．"ワシは『資本論』を学生時代からシ十年にわたって研究しているが，未だわからぬことばかりである．キミは『資本論』を少しばかり読んだからといってそれを理解したような気になっては困る．"——この仮想意見は多分その通りなのでしょう．しかし，私がいわんとしているのは，私は少なくとも『資本論』そのものを読んでしかも深い感銘を受けることができるということなのです．そして，相対論も多くの人びとの感銘に十分値するものです．

　自然科学における画期的な業績の多くは，比較的に短い論文として発表されます［相対性理論もそうです］．したがって読者はその論文の新しさを理解するために，そこに

おける多数の引用文献にあたる必要があります．[通常の場合，その引用文献だけでは足りず，その引用文献の引用文献，さらにはその引用文献のそのまた引用文献…という作業になります．] また，画期的な業績の多くは荒削りであり，その後の展開により原型をとどめないぐらい洗練されてしまうことがあります．そして，その洗練された形にのみ通じている読者にとって，原論文はきわめて理解しにくいといった事情もあります．これら，およびその他の事情が自然科学の原論文に接することを困難にしています．

しかしながら，幸いにして，本書で取り扱おうとしているアインシュタインの原論文は次のような特徴をもちます．まず第一に，それは一つの論文（すなわち，この論文）において理論をほとんど完成した形で与えているということです．第二に，その論文の新しい考え方（すなわち，新しい時間・空間論）に対する古い考え方というのは，実は，私たちが日常的に前提としている時間・空間の考え方だということです．いいかえれば，この論文は私たちが日常的に暗黙に前提としている“先入観”を打ち破ってくれるということです．この意味で，この論文にむずかしさがあるとすれば，それは物理学徒とそうでない人びとに共通するものなのです．大胆にいってしまえば，この論文に対しては物理学徒もそうでない人も対等であるということです．また，この第二の特徴とも関連しますが，この論文は引用文献を一つももちません．

とはいえ，この論文の理解にはやはり多くの物理的知識

と数学的手法が必要です．それについては本書の第Ⅰ章，第Ⅱ章および第Ⅳ章が読者を手助けします．ただし，読者の中には本書が余りに多くの数式によって満たされているため，しりごみを感ずる人びとがいるかも知れません．一言だけ申し上げれば，本書が多くの数式で満たされ（結果としてむずかしそうな外観を呈し）ているのは，本書をできるだけやさしくしようとする意図によるものだということです．

本書は高校程度の物理学と数学の知識で理解できるように配慮しました．このことは読者の一部の方々には安堵の念を与えるものと思われます．一方，他の読者にとっては，うんざりさせられるものかも知れません．私もそのような読者に同調します．高校の物理と数学はかなり"高度な"ものですから．しかしながら，著者としてはやはり読者に忍耐をお願いしたい．そして，高校の物理や数学ととうに縁を切っておられる方々も，それらの復習を兼ね，どうか原論文の第Ⅰ部にはくいついていただきたい．[第Ⅰ部だけで特殊相対性理論の本質がつかめます．] 著者の見解によれば，ここにおさめてあるアインシュタインの原論文は，その理解のみを目的とし人生の一定の時間をささげるのに十分に値するものですから．

1988年8月20日

桂　愛景[*]

---

[*] 本書は当初，桂愛景氏の著者名義で刊行された [「文庫版あとがき」参照].

目　次

著者から読者へのメッセージ　3

第I章　数学的道具の予習あるいは復習

1. 座標および座標系 …………………………………… 14
2. 関　数 ………………………………………………… 17
3. ベクトル（i）：成分と大きさ ……………………… 19
4. ベクトル（ii）：たし算 ……………………………… 21
5. ベクトル（iii）：かけ算 ……………………………… 23
6. ベクトル（iv）：まとめ ……………………………… 30
7. 近　似 ………………………………………………… 32
8. 微分とその定義 ……………………………………… 35
9. 偏微分とその基本操作 ……………………………… 41
10. 偏微分の応用 ………………………………………… 43
11. 三次元空間における図形 …………………………… 48

第II章　物理的予備知識あるいは先入観

1. 慣性系あるいはニュートン力学が成立する座標系 … 52
2. ガリレイ変換の式 …………………………………… 53
3. ガリレイの相対性原理（i）：慣性の法則 ………… 57
4. ガリレイの相対性原理（ii）：運動方程式 ………… 59
5. ガリレイの相対性原理（iii）：まとめ ……………… 62
6. 速度の加法定理 ……………………………………… 62
7. ガリレイの相対性原理への疑問 …………………… 65
8. アインシュタインの相対性原理 …………………… 67

9. 光速度不変性の原理 ………………………………… 68
　10. 光速度不変性の原理と相対性原理の見かけ上の
　　　矛盾 …………………………………………………… 70
　11. マクスウェルの方程式 ……………………………… 73
　12. ローレンツ力 ………………………………………… 81
　13. 音のドップラー効果 ………………………………… 84
　14. 光 行 差 ……………………………………………… 87
　15. 電気力学的波の方程式 ……………………………… 91

第Ⅲ章　アインシュタインの原論文　その1

訳 者 序 ……………………………………………………… 102
運動している物体の電気力学について ………………… 104
Ⅰ. 運動学の部 …………………………………………… 106
　§ 1. 同時性の定義 ……………………………………… 106
　§ 2. 長さと時間の相対性について ………………… 109
　§ 3. 静止系からそれに対して一様な並進運動をし
　　　 ている系への座標と時間の変換の理論 ……… 113
　§ 4. 得られた方程式の物理的意味，運動している
　　　 剛体と運動している時計に関して …………… 121
　§ 5. 速度の加法定理 ………………………………… 124
Ⅱ. 電気力学の部 ………………………………………… 127
　§ 6. 真空に関するマクスウェル-ヘルツ方程式の
　　　 変換．磁場中での運動で生ずる起電力の本性につ
　　　 いて ………………………………………………… 127
　§ 7. ドップラー原理と光行差の理論 ……………… 132
　§ 8. 光線のエネルギーの変換．完全な鏡の上に及
　　　 ぼされる輻射圧の理論 …………………………… 136
　§ 9. 携帯電流を考慮に入れたマクスウェル-ヘル
　　　 ツ方程式の変換 …………………………………… 141

§10. (ゆっくりと加速される) 電子の力学 144
訳者補注 150

第IV章　原論文その1の解説

1. 時間の相対性 160
2. ローレンツ変換 (0)：はじめに 163
3. ローレンツ変換 (i)：x' の意味 164
4. ローレンツ変換 (ii)：運動系における X 軸方向に関する時間の同調の定義を偏微分方程式に表すこと 167
5. ローレンツ変換 (iii)：運動系における Y 軸および Z 軸方向に関する時間の同調の定義を偏微分方程式に表すこと 170
6. ローレンツ変換 (iv)：偏微分方程式を解くこと 175
7. ローレンツ変換 (v)：まとめ 177
8. ローレンツ変換 (vi)：逆変換 181
9. 光速度不変性の原理と相対性原理が両立すること ... 183
10. ローレンツ変換の決定 185
11. 運動する時計の遅れの一般的意味 190
12. 速度の加法定理 191
13. ローレンツ変換を2回続けて実施することによる速度の加法定理の導出 196
14. マクスウェル方程式の変換 (i)：系 K から k へ 200
15. マクスウェル方程式の変換 (ii)：$\Psi(v)\cdot\Psi(-v)=1$ の導出 209
16. マクスウェル方程式の変換 (iii)：$\Psi(v)=\Psi(-v)$ の導出 214
17. マクスウェル方程式の変換 (iv)：解釈 218

18. 電気力学的波の方程式の変換 ……… 223
19. 光のドップラー効果 ……… 228
20. 光行差の法則 ……… 232
21. 電気力あるいは磁気力の振幅の大きさの変換 ……… 234
22. 光線のエネルギーの変換 ……… 239
23. 光線の圧力 ……… 245
24. 携帯電流を考慮に入れたマクスウェル方程式の変換 ……… 257
25. 電荷の不変性 ……… 266
26. 運動する電子の質量 ……… 268
27. 電子の運動エネルギー ……… 274
28. 磁場中での電子の運動 ……… 279

第V章　原論文への非物理的注釈

1. この論文の形式的"特異"性 ……… 284
2. この論文を投稿した当時のアインシュタイン ……… 286
3. "M.ベッソー" ……… 290

第VI章　アインシュタインの原論文　その2

訳者序 ……… 298
物体の慣性はそのエネルギー含量に依存するか？ ……… 299
訳者補注 ……… 303

附録　原論文その1の§8に与えられた楕円体の体積の導出 ……… 305
アインシュタインの"思い出"：あとがきに代えて ……… 309
文庫版あとがき ……… 315
索　引 ……… 319

原論文で学ぶ
アインシュタインの相対性理論

第 1 章

数学的道具の予習あるいは復習

1. 座標および座標系

ある出来事（むずかしいことばで事象）や対象の位置を空間的に量の組で表現するとき，その量の組を座標といいます．そして，その座標を決める方式が座標系です．

図 I-1 に示したものは私たちにおなじみの座標系でデ

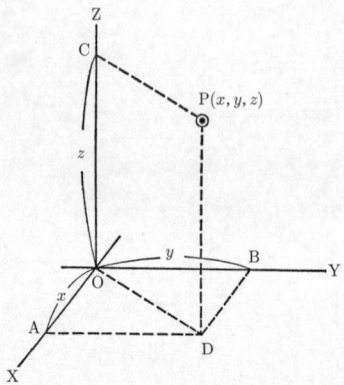

四辺形 CPDO および AOBD は長方形である．OA, OB および OC の距離がそれぞれ x, y および z に対応する．

図 I-1　デカルト座標系におけるデカルト座標

カルト座標系と呼ばれ，その方式で決められた座標をデカルト座標といいます．座標系はデカルト座標系だけではありません．むしろこれは直交座標系という特殊なものであって，物理学では，都合によっては，他の座標系も用いられます．しかしながら本書においては，幸いにも私たちにおなじみのデカルト座標系しか現れません．したがって，以下でそれについて簡単に記述しましょう．

> ▱デカルトは"良識はこの世で最も公平に配分されているものである."という有名なことばを残した（『方法序説』）人物（1596-1650）の名前である．あるいは，"私は考える，ゆえに私はある."（"Je pense, donc je suis."）のほうが有名かも知れない．

デカルト座標系では1点（原点 O）から互いに垂直な3本の線が出ています［だから直交座標系］．その3本の線は（座標）軸と呼ばれ，（図の場合には）X，Y，Z という名前がつけられています．空間の1点 P は X，Y，Z の各軸を基準として測定され，それぞれ x, y, z という量の組で表現されます．これが座標（あるいは座標の値）です．さらに，x, y, z のそれぞれは座標の成分とも呼ばれ，たとえば x は座標の X 成分です．

図 I-1 は立体（三次元体）を平面に描いたものですから，ある意味では見にくいかも知れません．そこで，X軸と Y 軸とを含む平面（XY-平面）を Z 軸の方向からながめた場合，および Y 軸と Z 軸とを含む平面（YZ-平面）を X 軸の方向からながめた場合の点 P の位置を図 I

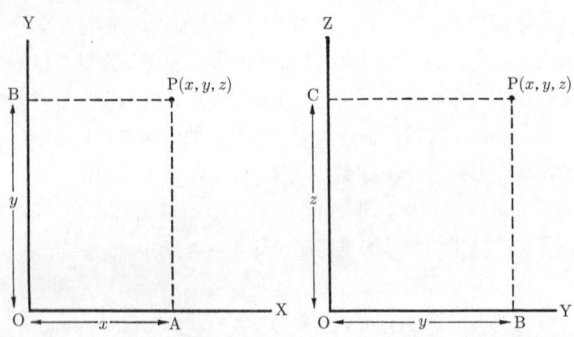

ここで P は紙面に垂直な方向から光をあてたときの各平面上におけるその影を表している.

図I-2　XY-平面（左）および YZ-平面（右）における点 P の位置

-2 に示しておきます. ただしこの場合の P とは, 正確にいえば, 各平面に対して垂直な方向から光をあてたときの各平面上における点 P の影を表しています. 以降, このような平面による観察が頻出しますので図 I-1 と I-2 を比較しこの見方に慣れておいて下さい.

　ここで注意することは, 座標系は考察の都合で想定される基準体であるということです. したがって, 三つの軸が"実在"する必要はまったくありません. さらに, 同じデカルト座標系であってもその設定の仕方によって座標（の値）は変わってきます. たとえば私の部屋の中のある1点をデカルト座標で表現しようとするとき, その原点をどこに設定するか, あるいは座標軸の向きをどうとるかでその点の座標はまったく異なってきます. したがって位置

の議論の際はいかなる座標系が前提となっているかに十分注意しなければなりません．

以下本書では座標系といえばデカルト座標系を意味することとします．また，それは単に"系"と呼ばれることもあります．

2. 関　数

ある量 x と別の量 y との間に何らかの関係があり，一方の量 x が定まれば他方も定まるとき y を x の関数といい，$y = f(x)$ などと表します．あるいはもっと直接的に $y(x)$ などと書くこともあります．

☞代数では原則としてかけ算の記号"×"を省略する．その代わり点"·"が用いられるが，それも省略されることがある．アインシュタインは $y(x)$ 風の表現を多用しているので $y \cdot (x)$ ［つまり，$y \times x$］と混同しないように注意が必要である．もちろん，$y(x)$ なら混同しないかも知れない．しかし $y(-x)$ となっていたらどうする？

ここで x のことを独立変数，y を従属変数と呼ぶことがあります．あるいは，y は x に従属すると表現されることもあります．

たとえば，
$$y = f(x) = ax^2 + bx + c \qquad (\text{I}.2\text{-}1)$$
とあったら，まず a, b, c は定数であるということを了解して下さい．そして，そこで，$y = f(0)$ といったらそれ

は x のところに 0 を代入した値, すなわち $y=c$ のことです. また, $y=\mathrm{f}(-x)$ とあったら, 上の式で x を $-x$ に置き換えた $y=a(-x)^2+b(-x)+c=ax^2-bx+c$ のことです.

独立変数が複数のこともあります. たとえば,
$$w=\mathrm{f}(x,y,z)=ax^2+by^2+cz^2+dxy+eyz+fzx+g \tag{I.2-2}$$
のとき, w は x,y,z の関数, また a,b,c,d,e,f,g は定数です. $w=\mathrm{f}(1,1,0)$ といったら, 右辺において $x=1$, $y=1$, $z=0$ とし, $w=a+b+d+g$ となります. あるいは, $w=\mathrm{f}(x,0,2)$ とあれば, x はそのままにしておき, $y=0$, $z=2$ を代入して, $w=ax^2+2fx+4c+g$ となります. やや複雑となって, たとえば $w=\mathrm{f}(a,0,(a+b)/c+d)$ とあれば, これは (I.2-2) 式の右辺に $x=a$, $y=0$, $z=(a+b)/c+d$ を代入したときの値を意味します. [実際の計算はここでは省略します.] つまり, カンマの位置で, それぞれ x,y,z の値を見分ける必要があります.

さらに,
$$w=\mathrm{f}(x,y,z)=ax^2+by^2+dxy+g \tag{I.2-3}$$
というような書き方もあります. これは, w は x,y,z の関数であると主張しているのですが, 右辺には z を含む項はありません. しかし形式的にはこのような書き方ができるのです. この場合は (I.2-2) 式において z を含む項の係数 c,e,f が零である [そうすればそれは (I.2-3) 式の右辺と一致する] と解しておけばすみます.

3. ベクトル（i）：成分と大きさ

ベクトルとは大きさと方向をもった量のことです．物理学では大きさと方向をもった量が頻繁に使用され，それらはベクトルで表現されます．たとえば，速度とか力はベクトル量です．あるいは別の表現をすれば，物理学においては数学におけるベクトルとそれに関わる計算規則にあてはまる量があります．

ベクトルは座標系において，通常，矢印で表現されます．たとえば図I-3のaがそれに対応します．［本書ではベクトルをイタリック体かつ太字体で表すこととします．］ベクトルの大きさは矢印の長さ，方向は矢印の向きが表現しています．したがって，ベクトルを定めるには矢印のアタマとシッポの座標を指定すれば十分です．一方，ベクトルは単に大きさと方向を表すものですから，それ自体が座標系のどこに位置するかは本質的な事柄ではありません．そこで通常，矢印を，その大きさを保ったまま平行移動させ，シッポを座標系の原点において，アタマの座標のみでベクトルを表します．図I-3でaとa'は同じ長さ（大きさ）で互いに平行（すなわち同じ方向）ですので同じベクトルです．［したがって，片方にプライム "′" をつけたのは説明の都合上そうしたものであって，他に意味のあることではありません．］

ここでベクトルa'のアタマの座標が(a_x, a_y, a_z)であ

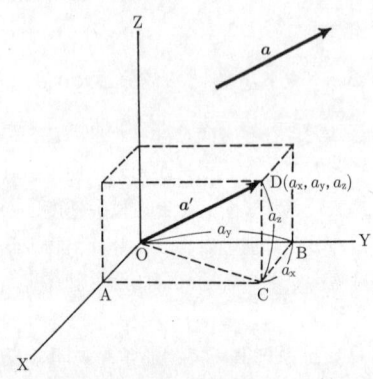

点線は直方体
図I-3　ベクトル：その成分と大きさ

ったとすれば，ベクトル a（あるいは a'）という表現と (a_x, a_y, a_z) という表現とは同じ内容をもっています．a_x はベクトル a のX成分，また a_y および a_z はそれぞれY成分およびZ成分と呼ばれます．あるいは一般的に (a_x, a_y, a_z) をベクトル a の成分という言い方もします．

矢印の長さがベクトルの大きさを表しているというのですから，ベクトルの成分が与えられればその大きさは決まります．図I-3においてピタゴラスの定理を2回続けて使用すれば，ベクトル a の大きさ（それを $|a|$ という記号で表すこととします）は，

$$|a| = \sqrt{a_x{}^2 + a_y{}^2 + a_z{}^2} \qquad \text{(I.3-1)}$$

となります．

☞ 図 I-3 の点線は直方体である．そして定義により $BC = a_x$, $BO = a_y$, および $CD = a_z$. そこで $CO^2 = BC^2 + BO^2 = a_x^2 + a_y^2$ [ピタゴラスその 1]．次に $|a|^2 = CO^2 + CD^2 = a_x^2 + a_y^2 + a_z^2$ [ピタゴラスその 2]．したがって，$|a| = \sqrt{a_x^2 + a_y^2 + a_z^2}$.

物理学においては方向の$\dot{\text{み}}$を表すためにベクトルを用いることがあります．この場合は，その大きさは規格化して1にしておきます．この，大きさ1のベクトルを単位ベクトルといいます．たとえば，$(1/\sqrt{3}, 1/\sqrt{3}, 1/\sqrt{3})$ は単位ベクトルです．

4. ベクトル (ii)：たし算

ベクトル $a = (a_x, a_y, a_z)$ と $b = (b_x, b_y, b_z)$ が与えられているとします．そのとき，その和 $a + b$ は次のように定義（約束）されています：

$$a + b = (a_x + b_x, a_y + b_y, a_z + b_z) \quad (\text{I}.4\text{-}1)$$

そこで，

$$a + b = c \quad (\text{I}.4\text{-}2)$$

とおき，c が (c_x, c_y, c_z) であれば，

$$c_x = a_x + b_x \quad (\text{I}.4\text{-}3)$$
$$c_y = a_y + b_y \quad (\text{I}.4\text{-}4)$$
$$c_z = a_z + b_z \quad (\text{I}.4\text{-}5)$$

が成り立ちます．

ベクトルのたし算は幾何学的には"ベクトル和の平行

四辺形の法則"と呼ばれています．なぜこう呼ばれるかを知るには絵を描いてみなければなりません．三次元（つまり立体）の絵を描くと複雑になってしまうので，とりあえずX軸とY軸とを含む平面（XY-平面）上のベクトルを考察してみます．このとき各ベクトルのZ成分は0です．上の例では$a_z = b_z = 0$，したがってaとbの和cのZ成分も0となります［$c_z = a_z + b_z = 0$］．そこで，図I-4ではZ成分を抜きにして考察します．

図を見れば明らかなように，ベクトル和の規則$a_x + b_x = c_x$，および$a_y + b_y = c_y$が成立していれば，ベクトル

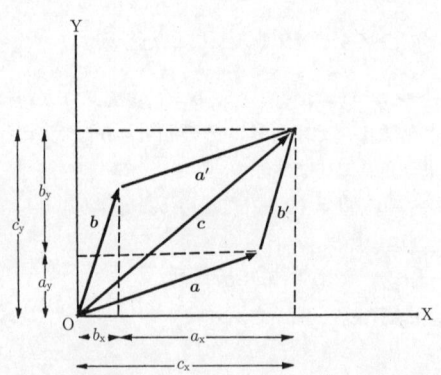

aとa'およびbとb'は大きさと向きが等しく，同じベクトルを表す．すると図では$a_x + b_x = c_x$および$a_y + b_y = c_y$（すなわちベクトルのたし算）が成立しており，かつベクトルa, b, a', b'で囲まれる四辺形は平行四辺形となっている．

図I-4　ベクトル和の平行四辺形の法則

a, b, a', b' で囲まれる四辺形は平行四辺形になります．逆に，図のような平行四辺形を描いてベクトル c を求めれば，それはベクトル a と b の和になっています．

まったく同じことですが，たし算は図上で次のようにして実行できます．すなわち，一方のベクトルのアタマに他方のベクトルを平行移動させてシッポを重ね，はじめのベクトルのシッポと平行移動させたベクトルのアタマを結ぶ．

もちろん，平行四辺形の法則は Z 成分に任意の値をもつベクトルについても成立します．このとき平行四辺形はたし算される二つのベクトルを含む平面上に描かれることになります．

5. ベクトル (iii)：かけ算

ベクトルに関係したかけ算には三種類あります．以下順に説明しましょう．

スカラーとの積

ベクトル $a = (a_x, a_y, a_z)$ と普通の数 c との積は次のように定義されています．

$$ca = (ca_x, ca_y, ca_z) \qquad \text{(I.5-1)}$$

ここで c が正の値であったとすると，ベクトルと普通の数との積はベクトルの方向を保ったままその大きさを c 倍としたことに対応します．事実，大きさについては

(I.3-1) 式を参照して,
$$|c\bm{a}| = \sqrt{c^2 a_x{}^2 + c^2 a_y{}^2 + c^2 a_z{}^2}$$
$$= c\sqrt{a_x{}^2 + a_y{}^2 + a_z{}^2} = c|\bm{a}| \quad (\text{I}.5\text{-}2)$$
です.

c が負の数であったとすると, ベクトルと普通の数との積はベクトルの方向を正反対にし, その大きさを $-c$ 倍することに対応します. たとえば, ベクトルを -1 倍するとは, 単にその向きを正反対にすることを意味します.

なお, 普通の数のことをベクトルに対してスカラーという名前で呼びます. したがって, ここではスカラーとベクトルとのかけ算の定義を示したということになります.

さて, 次にベクトルとベクトルのかけ算を定義しましょう.

内積 (スカラー積)

ベクトルとベクトルのかけ算には二種類あり, そのうちの一方を内積あるいはスカラー積といいます. $\bm{a} = (a_x, a_y, a_z)$ と $\bm{b} = (b_x, b_y, b_z)$ という二つのベクトルがあったとすると, その内積は,
$$\bm{a} \cdot \bm{b} = a_x b_x + a_y b_y + a_z b_z \quad (\text{I}.5\text{-}3)$$
で定義されます. 内積は (本書では) このようにベクトルとベクトルの間の点 "·" 印で表されます. それから, (I.5-3) 式の右辺はベクトルの各成分 (つまり普通の数) の積の和をとったものですからやはり普通の数 (スカラー) です. すなわち, ベクトルとベクトルの内積の結

果はスカラーになる；そこで内積のことをスカラー積ともいうのです．たとえば，ベクトル $(1, 2, 3)$ とベクトル $(3, 2, 1)$ の内積は (I.5-3) 式を用い，$1 \times 3 + 2 \times 2 + 3 \times 1 = 10$ という普通の数になります．

内積は (I.5-3) 式のほかに

$$\boldsymbol{a} \cdot \boldsymbol{b} = |\boldsymbol{a}| \cdot |\boldsymbol{b}| \cos \theta \tag{I.5-4}$$

と定義されることもあります．ここで $|\boldsymbol{a}|$ および $|\boldsymbol{b}|$ は，3節で定義されているように，それぞれベクトル $\boldsymbol{a}$ および $\boldsymbol{b}$ の大きさです．また，θ はベクトル $\boldsymbol{a}$ と $\boldsymbol{b}$ の間の角度を表します［図 I-5］．

(I.5-3) と (I.5-4) 式の右辺は違った形式をしていますが，数学的にはまったく同一です．このことは三角法を用いて幾何学的に考察すれば容易に理解できますがここでは証明しません．私たちは場合に応じてその二つの式を使い分ければよろしい．各ベクトルの成分がわかっているときは (I.5-3) 式が便利でしょうし，ベクトルの大きさとそのなす角度を知っていれば (I.5-4) 式を用いるというわけです．

さらに両式より，

$$|\boldsymbol{a}| \cdot |\boldsymbol{b}| \cos \theta = a_x b_x + a_y b_y + a_z b_z \tag{I.5-5}$$

したがって，

$$\cos \theta = \frac{a_x b_x + a_y b_y + a_z b_z}{|\boldsymbol{a}| \cdot |\boldsymbol{b}|} \tag{I.5-6}$$

あるいは3節の (I.3-1) 式を参照して，

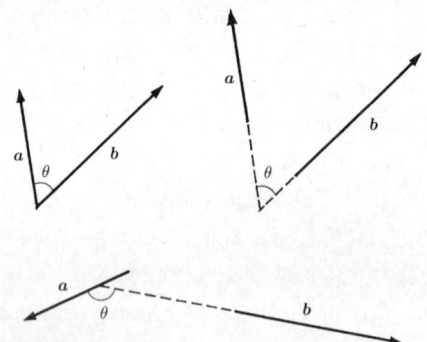

θ はアタマのある方向の角度であり,常に 180° よりも小さい.

図 I-5　二つのベクトルの間の角度のとり方

$$\cos\theta = \frac{a_x b_x + a_y b_y + a_z b_z}{\sqrt{a_x{}^2 + a_y{}^2 + a_z{}^2}\sqrt{b_x{}^2 + b_y{}^2 + b_z{}^2}}$$

(I.5-7)

この式を用いれば,二つのベクトルの成分からベクトルのなす角度[の余弦（コサイン）]がわかります.

なお,(I.5-4)式から明らかなように,二つのベクトルが互いに垂直である（つまりそのなす角度が 90°の）とき,その二つのベクトルの内積は零です[$\cos 90° = 0$ですから].逆に,二つのベクトルの内積が零であれば,その二つのベクトルは互いに垂直です.

外積（ベクトル積）

ベクトルとベクトルのかけ算のうちのもう一方は，外積あるいはベクトル積と呼ばれるものです．$\boldsymbol{a} = (a_x, a_y, a_z)$ と $\boldsymbol{b} = (b_x, b_y, b_z)$ という二つのベクトルがあったとすると，その外積は

$$\boldsymbol{a} \times \boldsymbol{b} = (a_y b_z - a_z b_y, a_z b_x - a_x b_z, a_x b_y - a_y b_x)$$
(I.5-8)

と定義されます．外積は（本書では）このようにベクトルとベクトルの間の×印で表されます．それから，(I.5-8) 式の右辺は一つのベクトルです．すなわち，ベクトルとベクトルの外積の結果はベクトルになる；そこで外積のことをベクトル積ともいうのです．

ひとつ注意があります．(I.5-8) 式を参照して，ベクトル積 $\boldsymbol{b} \times \boldsymbol{a}$ をつくってみましょう．すると，結果は，(I.5-8) 式において $\boldsymbol{a}$ と $\boldsymbol{b}$ の記号を事務的に入れ換えすればよいのですから，

$$\begin{aligned}\boldsymbol{b} \times \boldsymbol{a} &= (b_y a_z - b_z a_y, b_z a_x - b_x a_z, b_x a_y - b_y a_x) \\ &= (a_z b_y - a_y b_z, a_x b_z - a_z b_x, a_y b_x - a_x b_y) \\ &= (-(a_y b_z - a_z b_y), -(a_z b_x - a_x b_z), -(a_x b_y - a_y b_x))\end{aligned}$$
(I.5-9)

ここで，(I.5-1) 式を逆向きに使用し ($c = -1$)，かつ (I.5-8) 式を用いると，

$$\boldsymbol{b} \times \boldsymbol{a} = -(a_y b_z - a_z b_y, a_z b_x - a_x b_z, a_x b_y - a_y b_x) = -\boldsymbol{a} \times \boldsymbol{b}$$
(I.5-10)

つまり，ベクトル積においてはかけ算の順番が大事であっ

て，それが変わると符号が異なってくることに注意して下さい．

私たちはベクトル積の結果は一つのベクトルであることを知りました．次にそのベクトルの大きさと方向を調べてみましょう．

まずその方向は，結論を先にいうと，もとのベクトルa, bの両方に垂直であって，アタマの向きは，$a \times b$の場合，aからbの方へネジを回したときのネジの進行方向にあります．$b \times a$の場合はbからaの方へネジを回したときの進行方向にありますから，$a \times b$のときのちょうど逆向きになります［(I.5-10)式も参照］．この事情は図I-6に描かれています．なお，ネジといいますのは通常用いられている右ネジのことです．

ベクトル積の結果がもとのベクトルに垂直な一つのベクトルになることは次のようにしてわかります．まず，a

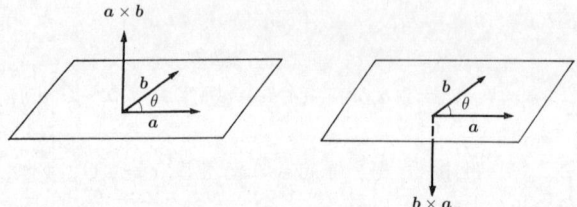

かけられるベクトルとかけるベクトルの両方に垂直であって，向きは前者から後者の方へネジを回したときのネジの進行方向に一致する．また，その大きさは$|a| \cdot |b| \sin \theta$である．

図I-6 ベクトル積により得られるベクトルの方向

というベクトルと $a \times b$ というベクトルの内積を計算します．(I.5-3) 式を参考にし，(I.5-8) 式を用いると，
$$a \cdot (a \times b) = a_x(a_y b_z - a_z b_y) + a_y(a_z b_x - a_x b_z)$$
$$+ a_z(a_x b_y - a_y b_x) = 0 \qquad (\text{I.5-11})$$
すでに内積のところで説明したように，二つのベクトルの内積が零であるとは二つのベクトルが互いに垂直であることを意味します．つまり，二つのベクトル a と $a \times b$ は互いに垂直です．まったく同様にして
$$b \cdot (a \times b) = 0 \qquad (\text{I.5-12})$$
も証明できますから，$a \times b$ は b にも垂直です．まとめると，$a \times b$ というベクトルは a および b の両方に対して垂直です．

次にベクトル $a \times b$ の大きさ $|a \times b|$ を求めてみます．3 節の (I.3-1) 式を参考にし，(I.5-8) 式を用いると，
$$|a \times b|^2 = (a_y b_z - a_z b_y)^2 + (a_z b_x - a_x b_z)^2 + (a_x b_y - a_y b_x)^2$$
$$= (a_x^2 + a_y^2 + a_z^2)(b_x^2 + b_y^2 + b_z^2)$$
$$- (a_x b_x + a_y b_y + a_z b_z)^2 \qquad (\text{I.5-13})$$

▫ もしここでの変形がわからなかったら，それぞれの式を展開してその結果が一致することを確認せよ．

ここで (I.3-1) および (I.5-5) 式を（逆向きに）用いると，
$$|a \times b|^2 = |a|^2 |b|^2 - |a|^2 |b|^2 \cos^2 \theta$$
$$= |a|^2 |b|^2 (1 - \cos^2 \theta) = |a|^2 |b|^2 \sin^2 \theta \qquad (\text{I.5-14})$$

なお，ここでは三角法における一般公式

$$\cos^2\theta + \sin^2\theta = 1 \qquad (\mathrm{I}.5\text{-}15)$$

を用いました．[$\cos^2\theta$ および $\sin^2\theta$ とはそれぞれ $(\cos\theta)^2$ および $(\sin\theta)^2$ のことです．] (I.5-14) 式の両辺の平方根をとると，

$$|\boldsymbol{a}\times\boldsymbol{b}| = |\boldsymbol{a}|\cdot|\boldsymbol{b}|\sin\theta \qquad (\mathrm{I}.5\text{-}16)$$

を得ます．この式からわかるように，方向が同じ二つのベクトル ($\theta=0°$) の外積は大きさ零の"ベクトル"となります [$\sin 0°=0$ ですから]．あるいは，方向が同じベクトルの外積は零となります．

最後に外積について少し練習をしておきましょう．二つのベクトル $\boldsymbol{v}=(v,0,0)$ および $\boldsymbol{H}=(0,H,0)$ の外積はいかなるベクトルとなるか？ ベクトル $\boldsymbol{v}$ は X 軸方向を向いていてその大きさは v です [(I.3-1) 式参照]．$\boldsymbol{H}$ は Y 軸の方向を向いていて大きさ H；したがって，(I.5-16) 式より [$\theta=90°$]，$\boldsymbol{v}\times\boldsymbol{H}$ は (Z 軸方向を向いた) 大きさ vH のベクトルとなります．

6. ベクトル (iv)：まとめ

前節までにベクトルに関するいくつかの定義および操作を学びました．物理学においてはこれらの定義あるいは操作がどう使い分けられるのでしょうか？ 実は，この疑問は発想が逆です．物理学においては現象の記述に都合のよい数学的定義および操作を選ぶのです．ただし，ある定義をいったん受け入れたら，それに関わる数学的操作には一

3節の初めに速度や力はベクトル量であると書きました．これよりあとの本文の記述で誤解が生じないようにここで少し注釈をつけておきます．速度ベクトル $\boldsymbol{v}=(v,0,0)$ があったとします．するとこのベクトルはX軸方向を向きかつその大きさは v です．これは，ある物体が x の値の増加する方向へ速度 v で運動していることを意味します．v は速度 $\boldsymbol{v}$ のX成分，あるいは（X軸方向に対する）速度の大きさですから，スカラーであってベクトルではありません．また，このような速度ベクトルをもつ物体につき，物理学では，その速度のY成分（あるいはZ成分）は零であるというようないい方をします．

いまのことと関連しますが，物理学ではしばしばベクトルをX, Y, Zの各成分にわけ，各成分のそれぞれについて個別に考察するという方法を採用します．たとえばニュートンの運動方程式

$$\text{力} = (\text{質量}) \times (\text{加速度}) \qquad (\text{I}.6\text{-}1)$$

において，力と加速度はベクトル，質量はスカラーです．力のベクトルを $\boldsymbol{f}=(f_x, f_y, f_z)$，加速度のベクトルを $\boldsymbol{a}=(a_x, a_y, a_z)$，そして質量を m で表すことにすると，(I.6-1) 式より

$$\boldsymbol{f} = m\boldsymbol{a} \qquad (\text{I}.6\text{-}2)$$

この式の右辺はスカラーとベクトルの積です．5節の(I.5-1) 式を用いると，(I.6-2) 式は

$$(f_x, f_y, f_z) = (ma_x, ma_y, ma_z) \quad (\text{I}.6\text{-}3)$$

二つのベクトルが一致する（等しい）ということはその各成分が互いに等しいことを意味します．そこで，

$$f_x = ma_x \quad (\text{I}.6\text{-}4)$$
$$f_y = ma_y \quad (\text{I}.6\text{-}5)$$
$$f_z = ma_z \quad (\text{I}.6\text{-}6)$$

となって，各成分に運動方程式を分解しそれぞれの方向で個別に式を検討することができます．

7. 近　似

$$y = f(x) = 1 + x + x^2 + x^3 \quad (\text{I}.7\text{-}1)$$

という関数があったとします．そして，ここにおいて x は1よりも十分小さい値（微小量）であるとします．[このような条件を $x \ll 1$ あるいはもっと正確には $|x| \ll 1$ というように書きます．ここで $|x|$ は x の絶対値を表します．] たとえば，$x = 0.003$ であったとします．すると，

$$x^2 = 0.000009 \quad (\text{I}.7\text{-}2)$$
$$x^3 = 0.000000027 \quad (\text{I}.7\text{-}3)$$

ですから

$$y = f(0.003) = 1.003009027 \quad (\text{I}.7\text{-}4)$$

となります．ところが，物理学においては，数値がこんなに桁数が多い必要はほとんどないのです．数値は直接に，あるいは回りまわって測定値と比較されますが，測定値には必然的に誤差が付随し桁数が限られますので，計算値が

そんなに"精確"であっても意味がないのです。そこで、適当なところで数字の列を打ち切り、たとえば、

$$y = f(0.003) \approx 1.0030 \qquad (\text{I}.7\text{-}5)$$

のようにします。ここで≈はだいたい等しい、あるいは少し改まって、近似的に等しいことを意味する記号です。

これまでの文章で、"十分"とか"適当な"とかいう表現を用いましたが、どのくらいで十分でどこで適当なのかは曖昧です。それは必要な計算の精度・測定の精度をにらみ合わせて決めることです。ここではあまりかたいことはいわないことにしましょう。

ところで、すでに上の計算で理解できるように、xのナントカ乗というとき、$x \ll 1$であれば、そのナントカ（これをベキ——冪——という）が大きくなると値は急激に小さくなります。そこで元の式において大きなベキを含む項をはじめから除外しておくことができます。たとえば、

$$y = f(x) \approx 1 + x \qquad (\text{I}.7\text{-}6)$$

は、(I.7-1) 式において2次およびそれより高次のベキの項を無視すると導出されます。ここで、$y = f(0.003) \approx 1.003$です。

$$y = f(x) \approx 1 + x + x^2 \qquad (\text{I}.7\text{-}7)$$

は (I.7-6) 式よりも近似の度合いを上げた式といわれます。すでに述べたように、どの程度の近似の式を用いるかはその場の都合で異なってきます。

ここで一つの便利な近似式を紹介します。それは、$x \ll 1$のとき、

$$(1+x)^n \approx 1+nx+\frac{n(n-1)}{2}x^2 \qquad \text{(I.7-8)}$$

というものです．実は，この式の右辺はさらに x^3 の項，x^4 の項，…と続くのですが，いま $x \ll 1$ の場合を考えていますのでそれらは無視しました．さらに，x^2 を含む項も無視して，

$$(1+x)^n \approx 1+nx \qquad \text{(I.7-9)}$$

とすることもできます．この式の応用例としては，

$$(n = \frac{1}{2} \text{ のとき}) \quad \sqrt{1+x} \equiv (1+x)^{1/2} \approx 1+\frac{1}{2}x \qquad \text{(I.7-10)}$$

$$(n = -1 \text{ のとき}) \quad \frac{1}{1+x} \equiv (1+x)^{-1} \approx 1-x \qquad \text{(I.7-11)}$$

$$(n = -\frac{1}{2} \text{ のとき}) \quad \frac{1}{\sqrt{1+x}} \equiv (1+x)^{-1/2} \approx 1-\frac{1}{2}x \qquad \text{(I.7-12)}$$

などがあります．[記号 $\equiv$ は定義（約束）による変形を意味します．] たとえば，$x = 0.003$ のとき $\sqrt{1+x}$ は $1.001498\cdots$ となりますが，(I.7-10) 式の右辺の近似式で計算すると，1.0015 となってよく一致しています．

以上述べたような近似は本書にしばしば登場します．それは，特殊相対性理論に特有な量として，

$$x = \frac{v}{V} \qquad \text{(I.7-13)}$$

が存在するからです．ここで，V は光の進行方向におけ

る速度の大きさ，v はある物体の速度の大きさです．V は約 300 000 000 m/s（メートル/秒）という大きさです．一方，われわれの身の回りにある物体の運動速度として，$v = 300$ m/s というのはきわめて速い部類に属するでしょう．するとこのとき，x は

$$x = 0.000001 \tag{I.7-14}$$

と，1 に比べて十分に小さな値です．そしてその 2 乗，3 乗の値は

$$x^2 = 0.000000000001 \tag{I.7-15}$$

$$x^3 = 0.000000000000000001 \tag{I.7-16}$$

のようにきわめて小さな量となります．そこで，式の形をより簡単にするため，あるいは相対論的効果を考慮に入れていない式との比較のため，近似という操作がしばしば採用されることになります．

8. 微分とその定義

ここでは微分について基本的なことを復習します．たとえば，t^2 を（t で）微分すると $2t$ になるということをおぼえている人でも，なぜそうなるのかはすっかり忘れているかも知れません．これは微分の定義の問題です．

微分は

$$\frac{\mathrm{d}f(t)}{\mathrm{d}t} = \lim_{\Delta \to 0} \frac{f(t+\Delta) - f(t)}{\Delta} \tag{I.8-1}$$

と定義されます．$\lim_{\Delta \to 0}$ という記号はその右にある式にお

いて Δ という量を十分小さくする(零に近づける)ことを意味します.

たとえば,
$$y = f(t) = t^2 \qquad (\text{I}.8\text{-}2)$$
とすると,
$$f(t+\Delta) = (t+\Delta)^2 = t^2 + 2\Delta \cdot t + \Delta^2 \qquad (\text{I}.8\text{-}3)$$
ですから,
$$\frac{\mathrm{d}}{\mathrm{d}t}t^2 = \lim_{\Delta \to 0} \frac{(t^2+2\Delta \cdot t+\Delta^2)-t^2}{\Delta} = \lim_{\Delta \to 0} \frac{2\Delta \cdot t + \Delta^2}{\Delta}$$
$$= \lim_{\Delta \to 0}(2t+\Delta) = 2t \qquad (\text{I}.8\text{-}4)^*$$

となります.[すなわち,t^2 を t で微分すると $2t$ になります.]

(I.8-1) 式において,$[f(t+\Delta)-f(t)]/\Delta$ は図 I-7 に示すように t と $t+\Delta$ の間で $y = f(t)$ が平均してどのくらい変化するかを表します.たとえば t は時間,y は位置であるとすると,$y = f(t)$ は,ある物体の時間の変化による位置の変化,すなわち運動を表しています.すると,$[f(t+\Delta)-f(t)]$ は Δ という時間の間に物体が進んだ距離ということになりますから,$[f(t+\Delta)-f(t)]/\Delta$ は,Δ という時間の間での運動する物体の平均速度になります.そして Δ を零に近づけていった極限(limit)は,時刻 t における物体の瞬間速度です[(I.8-1) 式参照].つまり,

---

* $\dfrac{\mathrm{d}}{\mathrm{d}t}t^2$ は $\dfrac{\mathrm{d}t^2}{\mathrm{d}t}$ と同じ.どちらを書いてもよい.

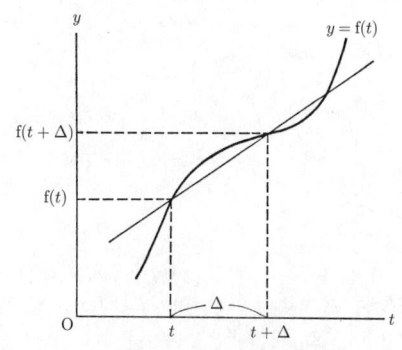

[f($t+\Delta$) − f(t)]/Δ は図中の直線の傾きに対応する．ここで Δ を 0 に近づけると，直線は t における曲線 $y =$ f(t) への接線となる．

図 I-7　微分とその定義

よく知られているように，位置を時間微分したものは特定の時刻における速度を表します．

逆に f($t+\Delta$) − f(t) という式があって，ここで Δ は十分に小さいという条件が与えられたとします．すると，微分の定義式 (I.8-1) より，

$$\mathrm{f}(t+\Delta) - \mathrm{f}(t) = \Delta \cdot \frac{\mathrm{d}\mathrm{f}(t)}{\mathrm{d}t} \qquad (\text{I.8-5})$$

と書けます．この式は，実は，このあとにも出てくる重要な式です．そこで，ひとつ次の"演習問題"をやっておきましょう．

問　題

$$f\left(x+\frac{z}{a}\right)-f(x)$$

において z が微小量とみなせるとき，微分を用いて与式を表せ．

解　答

$z/a=\Delta$ とおく．ここで z が微小量であるなら Δ も微小量である．Δ を用いると問題の式は $f(x+\Delta)-f(x)$ となり，(I.8-5) 式を参照すると，

$$f(x+\Delta)-f(x) = \Delta\frac{df(x)}{dx} \tag{I.8-6}$$

ここで Δ をもとの量にもどして，

$$f\left(x+\frac{z}{a}\right)-f(x) = \frac{z}{a}\cdot\frac{df(x)}{dx} \tag{I.8-7}$$

となる．これが求める式であった．

以下は，少し断片的になりますが，原論文の理解に必要な事項を簡単に記述しておきます．

2回微分

$d^2f(t)/dt^2$ は関数 $f(t)$ を t で2回微分すること，すなわち，

$$\frac{d^2}{dt^2}f(t) = \frac{d}{dt}\left[\frac{d}{dt}f(t)\right] \tag{I.8-8}$$

です．ここで t は時間，$f(t)$ は時刻 t におけるある物体の

位置と考えると，$f(t)$ の t による1回微分は速度になりますからそれを v で表すことにすると，

$$\frac{d}{dt}f(t) = v \tag{I.8-9}$$

したがって（I.8-8）式は

$$\frac{d^2}{dt^2}f(t) = \frac{dv}{dt} \tag{I.8-10}$$

となります．なお，速度 v を時間微分したものは加速度——速度の時間的変化の度合い——です．

定数の微分

定数の項を微分すると零になります．すなわち，c を定数とすると，

$$\frac{d}{dt}c = 0 \tag{I.8-11}$$

また，定数を係数とする項，たとえば ct^2 においては定数は微分記号の前に出すことができ

$$\frac{d}{dt}ct^2 = c\left(\frac{d}{dt}t^2\right) = 2ct \tag{I.8-12}$$

となります．

合成関数の微分

$$y = f(t) = a\sin\omega(t-b) \tag{I.8-13}$$

を t で微分する場合は以下のような手順を踏みます．まず，

$$\phi = \omega(t-b) \tag{I.8-14}$$

とおくと,

$$y = a\sin\phi \tag{I.8-15}$$

ここで求める量 dy/dt は次のように変形できるのです. すなわち,

$$\frac{dy}{dt} = \frac{dy}{d\phi} \cdot \frac{d\phi}{dt} \tag{I.8-16}$$

そこでまず (I.8-15) 式を用いて

$$\frac{dy}{d\phi} = \frac{d}{d\phi}(a\sin\phi) = a\frac{d}{d\phi}\sin\phi = a\cos\phi \tag{I.8-17}$$

☞ $d\sin\phi/d\phi = \cos\phi$ という公式は記憶していたか？ 忘れていたら高校の教科書・参考書で確認せよ. ついでにここで $dx^n/dx = nx^{n-1}$ という公式も思い出しておいてもらおう.

さらに, (I.8-14) 式において,

$$\frac{d\phi}{dt} = \frac{d}{dt}\omega(t-b) = \frac{d}{dt}(\omega t - \omega b) = \omega\frac{d}{dt}t = \omega \tag{I.8-18}$$

[なお, ω と b は定数, したがって ωb も定数, また t による t の微分は 1 です.] (I.8-17) と (I.8-18) 式を (I.8-16) 式に代入すると,

$$\frac{dy}{dt} = (a\cos\phi)\cdot\omega = a\omega\cos\phi \tag{I.8-19}$$

を得ます.

以上の記述で本書に出現する微分は基本的に理解できます．要は，微分においては変数はどれで定数は何かさえ注意していれば大丈夫です．

9. 偏微分とその基本操作

本書における微分のほとんどは偏微分という形で出現します．偏微分とは，簡略化して表現すると，複数の独立変数を含む関数において着目する変数以外はすべて定数とみなして微分を実行するという操作のことです．たとえば，

$$\frac{\partial}{\partial x}f(x,y,z)$$

は，$f(x,y,z)$ という関数において x 以外は定数として扱い微分するということを意味します．通常の微分と区別するため，d という記号は ∂ という記号に置き換えられています．これが偏微分の目印です．ここで，$f(x,y,z)$ として2節に出現した式，

$$f(x,y,z) = ax^2 + by^2 + cz^2 + dxy + eyz + fzx + g \tag{I.2-2}$$

を用いてみましょう．すると，

$$\frac{\partial}{\partial x}f(x,y,z) = 2ax + dy + fz \tag{I.9-1}$$

となります．

あるいはもうひとつ別の例：

$$X = X_0 \sin \Phi \tag{I.9-2}$$

ここで,
$$\Phi = \omega\left(t - \frac{ax+by+cz}{V}\right) \quad (\mathrm{I}.9\text{-}3)$$
という式において $\partial X/\partial t$ を求めてみます. 前節での (I.8-16) 式を参照して,
$$\frac{\partial X}{\partial t} = \frac{\partial X}{\partial \Phi} \cdot \frac{\partial \Phi}{\partial t} \quad (\mathrm{I}.9\text{-}4)$$
また, (I.9-2) 式より,
$$\frac{\partial X}{\partial \Phi} = X_0 \cos\Phi \quad (\mathrm{I}.9\text{-}5)$$
さらに (I.9-3) 式より,
$$\frac{\partial \Phi}{\partial t} = \omega \quad (\mathrm{I}.9\text{-}6)$$
(I.9-5) と (I.9-6) 式を (I.9-4) 式に代入して,
$$\frac{\partial X}{\partial t} = \omega X_0 \cos\Phi \quad (\mathrm{I}.9\text{-}7)$$
を得ます. これが求めているものでした.

次に, 同じ関数において $\partial X/\partial x$ を求めてみます. 前と同じ考え方で,
$$\frac{\partial X}{\partial x} = \frac{\partial X}{\partial \Phi} \cdot \frac{\partial \Phi}{\partial x} \quad (\mathrm{I}.9\text{-}8)$$
また, (I.9-3) 式において
$$\frac{\partial \Phi}{\partial x} = \frac{\partial}{\partial x}\left[\omega\left(t - \frac{ax+by+cz}{V}\right)\right]$$

$$= \frac{\partial}{\partial x}\left[\underline{\omega t - \omega \frac{b}{V}y - \omega \frac{c}{V}z} - \omega \frac{a}{V}x\right] = -\omega \frac{a}{V}$$

全部 "定数"

(I.9-9)

(I.9-5) と (I.9-9) 式を (I.9-8) 式に代入して,

$$\frac{\partial X}{\partial x} = -\omega \frac{a}{V}X_0 \cos \Phi \qquad (\text{I.9-10})$$

これで終了です.

なお,(I.9-2) と (I.9-3) 式の関数はそのままの形でアインシュタインの原論文に出てきます.[第Ⅲ章における原論文の (原-96) および (原-102) 式を見て下さい.] そして,上で行った操作は本書に出てくる偏微分計算のうちの最もやっかいな部分に属するということを付け加えておきます.

10. 偏微分の応用

本節では偏微分の応用として,実際に原論文で用いられる式の導出をしてみます.見かけは複雑かも知れませんが,内容はすでにある知識で十分に追っていけます.

まず,τ を x, y, z, t という 4 個の変数をもつ関数とします.すなわち,

$$\tau = \tau(x, y, z, t) \qquad (\text{I.10-1})$$

ここで,定義上,たとえば,

$$\frac{\partial}{\partial x}\tau(x,y,z,t) = \lim_{\Delta \to 0} \frac{\tau(x+\Delta,y,z,t)-\tau(x,y,z,t)}{\Delta}$$

(I.10-2)

が成立します [8節の (I.8-1) 式も参照]．すなわち，ここで着目している変数は x であり，他の変数は一定に保たれています．そこで，Δ は微小量とすると，

$$\tau(x+\Delta,y,z,t)-\tau(x,y,z,t) = \Delta \cdot \frac{\partial}{\partial x}\tau(x,y,z,t)$$

(I.10-3)

が成立します．同様にして，

$$\tau(x,y,z,t+\Delta)-\tau(x,y,z,t) = \Delta \cdot \frac{\partial}{\partial t}\tau(x,y,z,t)$$

(I.10-4)

です．

以上を前提とし，ここで次の演習問題を解いてもらいます．この問題が，それ自体，実に無味乾燥であることは著者も承知しています．しかし，得られた結果は第III章の原論文における (原-8) 式の導出に不可欠なのだということを知っておいて下さい．それでは ….

問 題

x が微小量であることを前提とし，下記の式を偏微分により表せ．

(1) $\tau(x,y,z,t) - \tau(0,y,z,t)$

(2) $\tau\left(x,y,z,t+\dfrac{x}{V-v}\right) - \tau(x,y,z,t)$

(3)　$\tau\left(x,y,z,t+\dfrac{x}{V-v}+\dfrac{x}{V+v}\right)-\tau(x,y,z,t)$

解　答

(1)　与式を $\tau(0+x,y,z,t)-\tau(0,y,z,t)$ とみなせば，これは (I.10-3) 式の左辺において $x=0, \Delta=x$ とおいたものに等しい．[Δ も x も微小量であるから $\Delta=x$ とおくことは可能である．] したがって，

$$\tau(x,y,z,t)-\tau(0,y,z,t)=x\cdot\dfrac{\partial}{\partial x}\tau(0,y,z,t)$$

(I.10-5)

を得る．ここで，右辺の $\partial\tau(0,y,z,t)/\partial x$ というのは，関数 $\tau(x,y,z,t)$ を x で偏微分したあと，その偏微分された式で $x=0$ とすることを意味する．これは8節の (I.8-1) 式において $t=0$ とおいた式

$$\dfrac{\mathrm{d}f(0)}{\mathrm{d}t}=\lim_{\Delta\to 0}\dfrac{f(0+\Delta)-f(0)}{\Delta} \qquad (\text{I}.10\text{-}6)$$

の左辺は関数 $f(t)$ を t で微分したあと，その微分された式に $t=0$ を代入することを意味するのと同じ事情である．

(2), (3)　x は微小量なのだから $x/(V-v)$ および $x/(V-v)+x/(V+v)$ も微小量である．それらを Δ とみなして (I.10-4) 式を用いると，それぞれ

$$\tau\left(x,y,z,t+\dfrac{x}{V-v}\right)-\tau(x,y,z,t)$$
$$=\dfrac{x}{V-v}\cdot\dfrac{\partial}{\partial t}\tau(x,y,z,t) \qquad (\text{I}.10\text{-}7)$$

および

$$\tau\left(x,y,z,t+\frac{x}{V-v}+\frac{x}{V+v}\right)-\tau(x,y,z,t)$$
$$=\left[\frac{x}{V-v}+\frac{x}{V+v}\right]\cdot\frac{\partial}{\partial t}\tau(x,y,z,t) \quad (\text{I.}10\text{-}8)$$

を得る.

偏微分の応用として, 次に, 複数の変数をもつ合成関数の微分といわれる手法を簡単に紹介しておきます. まず, ξ と τ の関数 $F(\xi,\tau)$ があったとします. そして, ξ と τ のそれぞれは x と t の関数, $\xi(x,t),\tau(x,t)$ であるとします. このようなときは, x と t を定めると ξ と τ が定まり, それにより関数 $F(\xi,\tau)$ の値が定まるので, 関数 $F(\xi,\tau)$ は x,t の関数ともみなすことができます. この事情をあからさまに表現すると, $F(\xi(x,t),\tau(x,t))$ となります. このように関数からなる関数を合成関数といいます.

いま, 関数 F の ξ および τ による偏微分の値 $\partial F/\partial\xi$ および $\partial F/\partial\tau$ が与えられているとします. F は x と t の関数ともみなすことができるのですからそれらによる偏微分 $\partial F/\partial x$ および $\partial F/\partial t$ も存在し,

$$\frac{\partial F}{\partial x}=\frac{\partial\xi}{\partial x}\cdot\underline{\frac{\partial F}{\partial\xi}}+\frac{\partial\tau}{\partial x}\cdot\underline{\frac{\partial F}{\partial\tau}} \quad (\text{I.}10\text{-}9)$$

$$\frac{\partial F}{\partial t}=\frac{\partial\xi}{\partial t}\cdot\underline{\frac{\partial F}{\partial\xi}}+\frac{\partial\tau}{\partial t}\cdot\underline{\frac{\partial F}{\partial\tau}} \quad (\text{I.}10\text{-}10)$$

と書けることが知られています*．これら2式の右辺において ~~~ の記号をつけた部分は上記の前提によりすでに与えられています．残った偏微分の部分は，ξ と τ のそれぞれが x と t の関数なのですから，それぞれにおいて偏微分を実行すれば得ることができます．

いままで F は ξ と τ のみの関数として扱ってきましたが，F が同時に他の変数，たとえば η や ζ を含む場合でも（I.10-9）および（I.10-10）式は成立します．ただし，その場合，他の変数 η や ζ は x および t とは独立である——すなわち x および t とは無関係である——ことは前提としておきます．この前提さえ満足すれば（I.10-9）および（I.10-10）式は任意の関数 F に対して成立しますので，両式の両辺から形式的に F を除き，

$$\frac{\partial}{\partial x} = \frac{\partial \xi}{\partial x} \cdot \frac{\partial}{\partial \xi} + \frac{\partial \tau}{\partial x} \cdot \frac{\partial}{\partial \tau} \qquad (\text{I.10-11})$$

$$\frac{\partial}{\partial t} = \frac{\partial \xi}{\partial t} \cdot \frac{\partial}{\partial \xi} + \frac{\partial \tau}{\partial t} \cdot \frac{\partial}{\partial \tau} \qquad (\text{I.10-12})$$

と書くこともできます．なおこの式は，第III章の原論文の第II部において，方程式の相対論的変換で主要な役割を果たします．

---

*　この式についての証明はしない．詳細を知りたい読者は，「解析学」の一般的な教科書を参照せよ．

11. 三次元空間における図形

球

二次元平面において円は

$$(x-a)^2+(y-b)^2 = R^2 \qquad (\text{I.}11\text{-}1)$$

と表現されることはよく知られています．ここで，(a,b) は中心の座標，また R は半径を表します．中心が原点 $(0,0)$ にある円は上式において $a=b=0$ とした

$$x^2+y^2 = R^2 \qquad (\text{I.}11\text{-}2)$$

です．

一方，

$$(x-a)^2+(y-b)^2+(z-c)^2 = R^2 \qquad (\text{I.}11\text{-}3)$$

は三次元空間における半径 R の球で，その中心の座標は (a,b,c) です．原点を中心とする球は

$$x^2+y^2+z^2 = R^2 \qquad (\text{I.}11\text{-}4)$$

となります．なお，半径 R の球の体積 S が

$$S = \frac{4}{3}\pi R^3 \qquad (\text{I.}11\text{-}5)$$

で与えられることは記憶しておいて下さい．

楕円体

二次元平面における楕円は

$$\frac{(x-a)^2}{R_1^{\ 2}}+\frac{(y-b)^2}{R_2^{\ 2}} = 1 \qquad (\text{I.}11\text{-}6)$$

と表現されます.図 I-8 に示すように,(a, b) は中心の座標,また,R_1 および R_2 は軸と呼ばれます*.軸の長さが等しい,すなわち $R_1 = R_2 (= R)$ のとき,楕円は円となります.

(I.11-6) 式で表される楕円は軸が X 軸および Y 軸と平行ですから,式は x に関する部分と y に関する部分とにきれいに分かれています.一方,楕円が,形をそのままに保って,少し傾くと,もはや (I.11-6) 式では表現できず,xy というような項を含む少し複雑な式になります.[円に関する (I.11-1) 式は一般的に成立し,この点,楕円とは異なっています.]

一方,
$$\frac{(x-a)^2}{R_1{}^2} + \frac{(y-b)^2}{R_2{}^2} + \frac{(z-c)^2}{R_3{}^2} = 1 \qquad \text{(I.11-7)}$$
は三次元空間における楕円体で,中心の座標は (a, b, c),軸の長さは R_1, R_2, R_3 です.この楕円体の軸はそれぞれ X, Y, Z 軸と平行です.楕円の場合と同じく,この楕円体が形をそのままに保って少し傾く(すなわち,軸が座標軸に平行でなくなる)と,(I.11-7) 式のような簡単な形式では表現できなくなります.

(I.11-7) 式において軸のうちの二つが等しい場合,その図形は回転楕円体と呼ばれます.たとえば,$R_1 = R_2$

---

* 通常は R_1 および R_2 の 2 倍を軸と呼び,そのうち長いほうを長軸,短いほうを短軸という.しかしここでは上の表現で統一する.

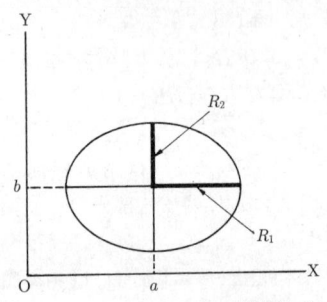

中心は (a,b), R_1 および R_2 は軸と呼ばれる.

図I-8　楕円 $\dfrac{(x-a)^2}{R_1{}^2}+\dfrac{(y-b)^2}{R_2{}^2}=1$ の図形

の場合,軸 R_3 を中心にその楕円体を回転させても形は変わらないからです.三つの軸の長さがすべて等しい場合,すなわち $R_1=R_2=R_3(=R)$ のとき,楕円体は球になります.

なお,軸の長さを R_1,R_2,R_3 とする楕円体の体積 S は

$$S=\frac{4}{3}\pi R_1 R_2 R_3 \tag{I.11-8}$$

で与えられます.

第 II 章

物理的予備知識あるいは先入観

1. 慣性系あるいはニュートン力学が成立する座標系

ニュートン力学（古典力学）の基本法則の一つに慣性の法則と呼ばれるものがあります．その内容は次のように表現することができます．すなわち，ほかの物体から十分離れている物体は静止状態または一様な（つまり，一定の速度と向きの）直線運動の状態を続ける．

> ニュートン (1643-1727) の有名な大著『自然哲学の数学的諸原理』（通称『プリンキピア』）の「公理，または運動の法則」の中に法則Ⅰとして次の記述がある．"すべての物体は，その静止の状態を，あるいは直線上の一様な運動の状態を，外力によってその状態を変えられないかぎり，そのまま続ける．"*

この法則はそれが成立するための特殊な座標系——慣性系という——を要求しています．いいかえれば，いかなる座標系であっても慣性の法則が成立するというわけではないのです．たとえば，ほかの物体から十分離れている物体として恒星を挙げることができますが，地球に固定した座

---

* ここでの日本語は河辺六男編『世界の名著 26 ニュートン』中央公論社（1971 年）における河辺の訳を引用した．

標系で観察すると,それは1日のうちに巨大な円運動をします.つまり,静止状態あるいは一様な直線運動の状態にはありません.いいかえれば,地球に対して静止している座標系は(厳密には)慣性系ではないのです.

しかしながら,地表(つまり私たちの居場所とその付近)における実験では,地球に固定した座標系は,たとえば重力による効果が現れないような工夫をすることによって,近似的に慣性系とみなせることが知られています.したがって読者は以後このことを前提としておいて下さい.本書で紹介しようとしているアインシュタインの論文では,慣性系は"一つの座標系が存在し,そこではニュートン力学の方程式が成立するとしよう."という表現で1箇所出現するのみ(第III章の原論文の892ページ)ですからこの理解で十分です.

☞力学は基本的には地表での実験・観測をもとに発展した.したがって,地球に固定した座標系が近似的に慣性系とみなせることは基本的な意味をもっている.

なお,(本書で紹介しようとする特殊相対性理論ではなく,)一般相対性理論においては"慣性系"の概念の再検討が鍵となっています.しかしその議論は本書の範囲外であるとします.

2. ガリレイ変換の式

ある一つの座標系が慣性系であることが知られていると

します.そして,それをKと呼ぶことにしましょう.すると,系Kに対して一様な並進運動をする座標系はすべて慣性系に属します.ここで,"一様な"というのは(すでにでてきたように)"一定の速度と向きの"ということを,また"並進運動"というのは"座標軸が系Kに対して常に同じ方向を保っての運動"を意味します.

ここでは系Kに対して一様な並進運動をする座標系の代表として次のような座標系を考えてみます.すなわち,その座標系のX軸は系KのX軸と重なっており,かつY軸とZ軸は系KのY軸とZ軸のそれぞれに対して平行な状態にある.そしてその座標系全体は系KのX軸に沿って一定の速度vで運動している[図II-1].このように定義された座標系をkという名前で呼ぶことにします.

いま系Kにおいて点$P(x,y,z)$を想定します.同じ点Pであっても系kでは別の座標(x',y',z')が与えられる

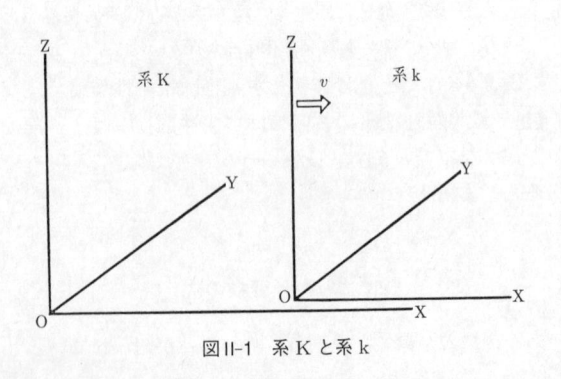

図II-1 系Kと系k

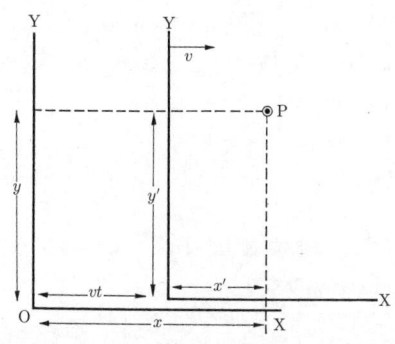

これより $x=x'+vt$ あるいは $x'=x-vt$, および $y'=y$ を得る.

図II-2 系Kおよびkそれぞれから見た時刻 t における点Pの座標

はずです．そこで私たちは (x,y,z) と (x',y',z') との関係を求めてみます．

ある瞬間，系Kとkの原点が一致したとします．私たちは時間 (t) の基準をこの時刻にとると約束します．すなわち，この時刻を 0 $(t=0)$ とします．この瞬間には系Kとkは一致しているのですから $x=x', y=y', z=z'$ が成立します．私たちが知りたいのはそれから t という量の時間が経過した瞬間における (x,y,z) と (x',y',z') の関係です．

図II-2はZ軸方向からみた点Pの座標を示しています．ここで，点PはZ軸方向から光をあてたときの点PのXY-平面上での影の位置を表します．時刻0のとき系Kとkの原点は一致しており，それから時間 t だけ経て

いるのだから系kの原点は系KのX軸上をvt［すなわち(速度)×(時間)］の距離だけ進んでいます．図より私たちは$x=x'+vt$あるいは，

$$x' = x - vt \tag{II.2-1}$$

および

$$y' = y \tag{II.2-2}$$

を得ます．同様にしてX軸方向（あるいはY軸方向）からみた点Pの座標を考察して

$$z' = z \tag{II.2-3}$$

を得ます．

以上三つの式が，系Kにおける点Pの座標(x, y, z)と系kにおける点Pの座標(x', y', z')を結びつける公式で，ガリレイ変換の式と呼ばれています．あるいはそれら三つの式に

$$t' = t \tag{II.2-4}$$

という式を加えてガリレイ変換の式ということもあります．この最後の式は系Kとkにおいて時間は共通であることを表しています．

いまは，系kという座標系，すなわち系Kに対しX軸に沿って一定の速度vで並進運動する座標系を考察しました．しかし一様な並進運動は一般に任意の方向に想定することが可能です．その場合には（下で記述するように）ガリレイ変換の式はほんの少し複雑になってきます．しかしながら本書では基本的に系Kとkという二つの座標系（慣性系）しか現れません．

なお，系Kに対して任意の方向へ一様な並進運動をする座標系に関するガリレイ変換の式は，系Kに対するその座標系の原点の速度ベクトルを$\boldsymbol{v}$とし，その成分を(v_x, v_y, v_z)とすると，

$$x' = x - v_x t \qquad (\text{II}.2\text{-}5)$$
$$y' = y - v_y t \qquad (\text{II}.2\text{-}6)$$
$$z' = z - v_z t \qquad (\text{II}.2\text{-}7)$$

となります．

3. ガリレイの相対性原理（ⅰ）：慣性の法則

前節の最初に，系Kが慣性系であるとするとそれに対して一様な並進運動をする座標系はすべて慣性系に属すると書きました．ここでは前節で定義された系kにおいてそれを"証明"してみましょう．

系Kの原点$(0,0,0)$に，ある小さな物体Pが静止しているとします．するとPの座標は，$x=0, y=0, z=0$．これをガリレイ変換の式（II.2-1）〜（II.2-3）に代入して

$$x' = -vt \qquad (\text{II}.3\text{-}1)$$
$$y' = 0 \qquad (\text{II}.3\text{-}2)$$
$$z' = 0 \qquad (\text{II}.3\text{-}3)$$

これは系kから見るとその点はX軸上を$-v$の速度で運動していること，あるいはそれと同じことですが，vの速度でX軸上をxの値がより減少する方向へ運動していることを表しています．このことは，速度vで走っている

列車の中からながめれば，大地に静止した風景は速度 v で列車の進行方向とは逆の向きに動いているように見えるということと同じです．また，いまは系 K の原点に静止した物体 P を考察しましたが，それが系 K の任意の場所に静止していても同じ結果，つまり系 k からながめると X 軸に平行に（ただし X 軸上とは限らない）$-v$ の速度で一様な運動をするという結果が得られることは容易に理解していただけるでしょう．

次に系 K の X 軸上を速度 w で運動する点 P を系 k からながめた場合を考察してみましょう．このときは P(wt, 0,0)，すなわち

$$x = wt \tag{II.3-4}$$
$$y = 0 \tag{II.3-5}$$
$$z = 0 \tag{II.3-6}$$

です．ただし，時刻 0 ($t=0$) のとき，P は系 K の原点にあったとしています．これをガリレイ変換の式 (II.2-1)〜(II.2-3) に代入すると，

$$x' = wt - vt = (w-v)t \tag{II.3-7}$$
$$y' = 0 \tag{II.3-8}$$
$$z' = 0 \tag{II.3-9}$$

すなわち，系 k からながめると P は X 軸上を一定速度 $(w-v)$ で運動しているように見えることがわかります．

ここでもし $w > v$ であるとすれば，P は系 k からながめたときもやはり X 軸上を前方に（つまり x の値が増加する方向に）向かって運動しているように見えますし，ま

た $w<v$ であれば後方に向かって運動しているように見えます．たまたま $w=v$ であったとすると，系 k からは P は静止しているように見えます．

"静止した状態"を"速度 0 の一様な直線運動の状態"と考えてしまうことにすると，上記の結果は次のようにまとめることができます．すなわち，系 K に対して一様な直線運動の状態にある物体は系 k に対しても一様な直線運動の状態にある．いいかえれば，系 K に対して慣性の法則が成立すれば系 k に対しても成立する．

4. ガリレイの相対性原理 (ii)：運動方程式

前節では系 K に対して慣性の法則，つまりニュートンの第一法則，が成立すれば系 k に対しても成立することを見ました．次に，ここでは，ニュートンの第二法則，すなわち運動方程式を考察します．

ニュートンの運動方程式は物体の質量 (m)，それに働く力 (f) および加速度は次の関係にあることを言明します：

$$\text{力} = (\text{質量}) \times (\text{加速度}) \qquad (\text{II.4-1})$$

数式で表現すると，

$$f_x = m\frac{\mathrm{d}^2 x}{\mathrm{d}t^2} \qquad (\text{II.4-2})$$

$$f_y = m\frac{\mathrm{d}^2 y}{\mathrm{d}t^2} \qquad (\text{II.4-3})$$

$$f_z = m\frac{\mathrm{d}^2 z}{\mathrm{d}t^2} \tag{II.4-4}$$

ここで，f_x, f_y, f_z はそれぞれ力 $\boldsymbol{f}$ の X 成分，Y 成分，Z 成分を表します．また，$\mathrm{d}^2 x/\mathrm{d}t^2, \mathrm{d}^2 y/\mathrm{d}t^2, \mathrm{d}^2 z/\mathrm{d}t^2$ は，それぞれ物体の加速度の X 成分，Y 成分，Z 成分です．[ついでに第 I 章 6 節の (I.6-4)～(I.6-6) 式および第 I 章 8 節の (I.8-10) 式も参照して下さい．] 物体は運動している，つまり時間とともに位置 (x, y, z) を変化させているのですから x, y, z のそれぞれは t の関数となっています．

質量は物質固有の量ですからどんな座標系で記述されても変わりません．また，力は，たとえば，バネの伸びとして測定することができますが，伸び（長さ，距離）はいかなる慣性系で記述されても変わりません．これをむずかしく表現すると，距離はガリレイ変換に対して不変である，となります．

たとえば，系 K の X 軸上の 1 点 $\mathrm{P}(a, 0, 0)$ と原点 $\mathrm{P_O}(0, 0, 0)$ との距離 (a) は系 k で見ると次のようになります．ガリレイ変換の式 (II.2-1)～(II.2-3) を用いると，系 K の原点 $\mathrm{P_O}$ は系 k において $(-vt, 0, 0)$，また点 P は系 k において $(a-vt, 0, 0)$ の座標をもちます．つまり，点 P は系 k においても X 軸上にあって，$\mathrm{P_O}$ と P との間の距離は $(a-vt)-(-vt)=a$；つまり系 K における場合と変わりません．

長くなりましたが，距離はガリレイ変換に対して不変で

すので，それに基づいて測定される力もガリレイ変換に対して不変です．

次に加速度 d^2x/dt^2 がガリレイ変換によってどう変わるかを見てみましょう．変換の式は 2 節より引用して，

$$x' = x - vt \tag{II.2-1}$$

また，

$$t' = t \tag{II.2-4}$$

したがって，

$$\frac{dx'}{dt'} = \frac{d}{dt}(x - vt) = \frac{dx}{dt} - v \tag{II.4-5}$$

ここで，速度 v は一様，つまり時間的に変化しないことを前提としていますから定数です．そこで (II.4-5) 式をもう一度 t で微分して，

$$\frac{d^2x'}{dt'^2} = \frac{d}{dt'}\left(\frac{dx'}{dt'}\right) = \frac{d}{dt}\left(\frac{dx}{dt} - v\right) = \frac{d^2x}{dt^2} \tag{II.4-6}$$

つまり加速度は系 K から見ても系 k から見ても変わらない；いいかえればガリレイ変換に対して不変であることがわかります．[なお 2 節の (II.2-2)〜(II.2-4) 式より $d^2y/dt^2 = d^2y'/dt'^2$ と $d^2z/dt^2 = d^2z'/dt'^2$ は自明でしょう．]

上記の結果は次のようにまとめることができます．すなわち，系 K と k においてニュートンの運動方程式の形は変わらない．いいかえれば，系 K に対して運動方程式が成立すれば系 k に対しても成立する．

5. ガリレイの相対性原理 (iii)：まとめ

 3節からこれまでの議論で，ニュートンの諸法則はガリレイ変換に対して不変であること，いいかえれば系Kに対して成立すれば系kに対しても成立することを見ました．なお，ニュートンの第三法則——つまり物質同士の相互作用において一方に働く力（作用）は他方に働く力（反作用）と反対の向きをもちかつ等しい大きさであること——は考察していませんが，これは力（作用）と力（反作用）の関係ですので前節での考察の一部をそのまま利用すればガリレイ変換に対して不変であることが容易にわかるでしょう．

 以上の結果を一般化して表現したのが次のガリレイの相対性原理です：

　物理法則は，二つの互いに相手に対して一様な並進運動をする座標系のどちらで記述されても，その形式は変わらない．

なお，ここで"物理法則"といっても私たちはそれを力学の法則において確かめただけだということを記憶しておいて下さい．

6. 速度の加法定理

 いま，まっすぐな（直線状の）レールの上を一定速度 v

で走っている列車を想定します．そこで，ある人物が，列車の中で列車に対し列車の進行方向に向かって一定の速度 w で走ったとします．本節の問題は，地表に静止して列車を観察している人にとって，列車の中の人物は（地面に対し）どのくらいの速度で走っていることになるか，というものです．答は簡単で，先に示しておくと，$v+w$ になります．

話の都合で，ある基準の時刻において列車の中の人は列車の最後部にいたとし，それから t という量の時間が経過したあとの状態を考えます［図II-3］．列車は速度 v で走っていますから t の時間後，最後部は vt の距離だけ進みます．人は列車に対して w の速度で走るのだから最後部から wt だけ進みます．すると，地面に対し人は（t の時間の間に）$(v+w)t$ の距離だけ進んだことになります．つまり，地面に対して $(v+w)t \div t$［距離÷時間］$= v+w$ の速度で走ったことになります．すなわち，たし算（加法）が成立しています．

読者の中には，このような当たり前のことをなぜくどくど説明するのかいぶかしく思う人がいるかも知れません．著者はそのような読者を歓迎します．なぜなら，この速度のたし算が成立し̇な̇い̇ことを示すのが本書の大きな目的の一つなのですから．

さて，次に列車とかそれに対して走っている人とかのそんなヤボなことをもち出さず数学的かつ事務的にこれを片付ける操作をしてみましょう．列車の進行方向に X

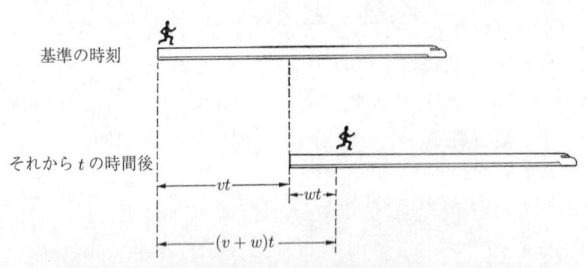

列車は地面に対し v の速度をもつ．人は列車に対して w の速度で走る．すると人は地面に対して $(v+w)$ の速度で走っていることになる．速度のたし算（加法）の成立！

図II-3　速度の加法定理

軸をとると，地面に対しては座標系 K が，また，列車に対しては座標系 k が想定できます．そして系 K に対する k と同じ関係で，系 k に対する系 κ（カッパ）というものを想定してみます．そして，系 κ の k に対する速度を w，またそこでの座標はプライムを二つつけて表現すること（x'' など）とします．この三つの系を結びつけるガリレイ変換の式は次のようになります．［ただし，ここではすべて X 軸上の問題を扱っているので Y と Z 軸に関するものは省略します．］

　　系 K と k を結びつける式　$x' = x - vt$　　　　（II.2-1）

　　系 k と κ を結びつける式　$x'' = x' - wt$　　　　（II.6-1）

（II.6-1）式の x' のところに（II.2-1）式を代入することにより，

系 K と κ を結びつける式 $\quad x'' = (x-vt)-wt$
$$= x-(v+w)t$$

(II.6-2)

を得ます.

　大地は系 K に対して静止しています. また列車およびその中で走っている人は, それぞれ系 k および κ に対して静止しています. そして系 K と κ を結びつけるガリレイ変換の式 (II.6-2) は系 K と k を結びつける式 (II.2-1) において v を $v+w$ に置き換えた形をしています. これは列車の中で走っている人 (系 κ) が地面 (系 K) に対して速度 $v+w$ で運動していることを表しています.

7. ガリレイの相対性原理への疑問

　本節の記述はきわめて多数の洗練された物理実験および理論がもとになっています. したがってあまり細かなことは書けません. 主として結果だけの紹介となります.

　ニュートン力学が成立して以後, それは多数の現象に適用されてきました. それにより, ガリレイ変換およびガリレイの相対性原理は広範な実験的基盤をもつ原理として確認されてきました. しかしながら, 光学と電磁気学の発展につれ, 自然法則の記述に関して力学だけでは不十分らしいことが明らかになってきました. また, それと同時に, ガリレイの相対性原理も議論の対象となるようになりました. つまり, 光学や電磁気学の法則はガリレイ変換に対し

て不変ではないのです.

ガリレイの相対性原理が仮りに成立しないということになると次の問題が生じてきます.力学においては互いに相手に対して一様な並進運動をする慣性系はすべて等価でしたが,光学や電磁気学ではそれらはすべて等価ということにはならず,ある特定の座標系でのみそれらの法則が厳密に成立するということになってしまいます.その特定の座標系として想定されたものが絶対静止系あるいは**絶対静止空間**であり,それに対して静止しかつそれを満たしているとされた"もの"が**光の媒質**あるいは**エーテル**です.

私たちの地球に固定した座標系は絶対静止系でしょうか? もちろんとてもそうは考えられません.そこで,地球の絶対静止系あるいはエーテルに対する運動を検出してみようとする試みがなされました.マイケルソンとモーリーの実験（1887年）が有名です.彼らの実験は多くの工夫がこらされた精密なものでしたが,それでもエーテルに対する地球の運動は検出されませんでした.

> ☞アインシュタインが原論文で言及している"「光の媒質」に対する地球の運動を確立しようとする不成功に終った試み"（第Ⅲ章の原論文891ページ）というのがマイケルソン-モーリーの実験を指しているのかどうかはわからない.とにかく彼は論文の引用をしていないのだ.本書はそれを議論の対象とせず保留ということにしたい.なお,この辺の事情については,西尾成子編『アインシュタイン研究』中央公論社（1977年）を参照せよ.

このことは，力学においてと同様，光学や電磁気学においても観察される現象は絶対静止という概念を要求しないことを示唆しているようにみえます．いいかえれば，力学においてと同様，光学や電磁気学においても"特権的な"座標系は存在せず，法則は互いに相手に対して一様な並進運動をする座標系に関して同じ形で成立するはずだということになります．つまり，相対性原理は光学や電磁気学においても成立するはずだということです．一方，光学や電磁気学の法則はガリレイの相対性原理と対になっているガリレイ変換に対して不変ではない．以上が20世紀初頭における基本的問題の一断面です．

8. アインシュタインの相対性原理

アインシュタインは相対性原理を彼の理論（すなわち特殊相対性理論）の基本原理の一つとして前提しました．

▷アインシュタインは後年，次のように記している*："しかし，一つの現象領域（力学）にこれほどの厳密さをもってあてはまる，このように大きな一般性をもつ（相対性）原理が，他の現象領域（光学や電磁気学）に対しては拒否されるとすることは，ア・プリオリに本当とは思えないのである."［金子務訳『わが相対性理論』白揚社（1973年）：なお文中（　）内は引用者による補足.］

---

* A. Einstein, *Über die spezielle und die allgemeine Relativitätstheorie* (1916).

物理法則は，二つの互いに相手に対して一様な並進運動をする座標系のどちらで記述されても，その形式は変わらない．

これを**アインシュタインの相対性原理**といいます．これと5節で紹介したガリレイの相対性原理とどこが違うのでしょうか？ 表現はまったく同じです．ただし，ガリレイの相対性原理の場合，"物理法則"といってもそれは力学の法則に限定されていたのに対し，アインシュタインの相対性原理は物理法則一般に拡張されているということに注意して下さい．これは大きな違いです．

　アインシュタインの相対性原理は，また，次のように表現することもできます．すなわち，

　力学の方程式が成立するすべての座標系に関し電磁気学や光学の法則が同じ形式で成立する．

これは先の表現と同じ内容をもちます．

9. 光速度不変性の原理

　特殊相対性理論を構成するもう一つの原理は光速度不変性の原理といわれ，次のように表現できます：

　光は，光源の運動状態に関わらず，真空中を常に一定の速度で伝播する．

　光が（真空中を）約 300 000 km/s で伝播するということはよく知られています．あるいは，細かな数字はおぼえていなくても，光は非常に速いが有限かつ一定の速度をも

つということは私たちの"常識"といってもさしつかえないでしょう．

▷少し正確に書くと…．光は真空中を 299 792 km/s で伝播する．空気中では少し遅くなって約 299 700 km/s となる．ただしこれは光速度不変性の破れとは関係がない．本書ではすべて真空中での光速度を問題としているのだ．したがって身近な例の中で光速度が現れてきてもそれは真空中での出来事を記述しているのだと解してほしい．それを空気中の話に翻訳するには空気の屈折率で補正してやればよい．そしてこの補正のことは相対性理論出現以前にすでに理論的にも実験的にも知られていたのだ．

一方，あまり常識的と思われないのは，この速度が光源の運動状態によらないで一定だということなのです．[このことに関する細かな議論は次節の分担ということになっています．]

アインシュタインはこの原理を採用するにあたって何も例証あるいは根拠を与えていません；"いきなり"仮定として前提にしています．しかしながら彼は別の本の中で*"運動物体の電気力学的，光学的諸過程について道を拓いた H. A. ローレンツの理論的研究によると，この領域の経験では，電磁気的な諸過程に関するある一つの理論が抗い難い必然性をもって導かれるのであって，その理論からは真空中の光速度が一定であるという法則が避くべからざる

---

* 8節で引用したアインシュタインの本．

結論となるのである."と記しています.

著者はアインシュタインがいかにしてこの原理を採用したのかは彼の創造の過程をうかがう上でも，また相対性理論をより深く理解する上でも重要であると思いますが，本書では一つの前提としてそれ以上の考察はしません.

▷ H.A.ローレンツ (1853-1928). オランダの理論物理学者. 本書では，"ローレンツ力"（本章12節）および"運動物体のローレンツの電気力学および光学"（第Ⅲ章の原論文の§9）あるいは"ローレンツ変換"（第Ⅳ章2～8節など）として彼の名が登場する. アインシュタインはスイス連邦工科大学の学生の頃（1896-1900）ローレンツの論文と本の一部に親しんでいたといわれている.

10. 光速度不変性の原理と相対性原理の見かけ上の矛盾

特殊相対性理論を構成する二つの基本原理，光速度不変性の原理と相対性原理はそれらを単独でみれば自然な原理であり，それ自体とくにアインシュタインの独創に帰すべきものではありません. アインシュタインの独創はそれらを並列して採用したということにあります. それがなぜ独創か? それら二つの原理は並べてみると互いに矛盾している（ようにみえる）のです.

いま大地に固定した光源から光が発射されたとします. 光は V の速度で伝播します. ［今後数字を並べるのはめんどうなので光速度は V という記号を用いて表すことにし

ます.] この光の伝播を光の進行方向に向かって v の速度で運動している観測者が見たらどうなるでしょう? 光の進行方向を X 軸にとれば, 2 節でガリレイ変換の式に関連して導入した系 K と k を利用して考察することができます. そして類似の考察はすでに 3 節ですませてあります. すなわち, 系 k に静止している観測者 (つまり速度 v で運動している観測者) から見た光速は $V-v$ となります. ついでに, 観測者の運動速度 v が光速度 V に等しいとしますと, 観測者にとっての光の伝播速度は零となります.

いまの例の場合, 系 k に対して静止した観測者にとって光源は X 軸の値の減少する方向に運動しています. ですから光速度が $V-v$ となるのは "当然" です. 一方, 光速度不変性の原理は光が光源の運動状態に関わらず一定の速度 V で伝播することを主張しているのです.

くどくなりますがもう一つの例. 系 k に静止させた光源から光を発射させたとします. すると, 系 k にいる観測者に対して光は V の速度で伝播します. さて, ここで系 K に対して静止している観測者から見た光の伝播速度はどうなる? これに対しては 6 節で導出した速度の加法定理がそのまま使えます. すなわち, 光は $V+v$ の速度で伝播しているように見えるはずです. 一方, 光速度不変性の原理はその速度が V であると主張します.

以上二つの例は, 光速度不変性の原理と相対性原理の "矛盾" を表しています. したがって, 少なくともどちら

かの原理を廃棄しなければならないというのが相対性理論出現以前の指導的物理学者の考え方でした．一方，アインシュタインの選択は異なっていました．彼はこれら二つの原理を並べて採用し，それらの間の矛盾は見かけ上のものだとしました．

なぜこのような見かけ上の矛盾を生じたのか？ それは，ガリレイの相対性原理における変換式（ガリレイ変換の式）とそれを導出するもととなった考え方に問題があったためです．その問題のある考え方とは何かを明らかにするのが本書全体の目的です．しかし読者はもう一度2〜6節を復習して何か不自然なことがあったか調べてみて下さい．

  ☞アインシュタインは後年次のように書いている＊．"では，どのようにしてそのような普遍原理が発見されたのであろうか．十年熟考して，そのような原理は，私がすでに十六歳のときにぶつかった，パラドックスから得られた．そのパラドックスは，光線のビームを（真空中の）光速度 V で追いかけると，その光線ビームは静止した，空間的に振動する電磁場としてみえるはずだというものだった．しかし，経験に基づいても，マクスウェルの理論によってもそのようなことが起こるとは思えなかった．"［中村誠太郎・五十嵐正敬訳『自伝ノート』東京図

＊ A. Einstein, "Autobiographisches" in *Albert Einstein: Philosopher-Scientist* ed. by P. A. Schilpp. なお訳文は日本語版のものをそのまま借用した．ただし，光速度の記号は本書の原則にしたがい c を V に代えた．

書（1978年）］

なお，本節の初めに"光速度不変性の原理と相対性原理はそれらを単独でみれば自然な原理であ"ると書きましたが，これは二つの原理が確固たる実験・観察上の，あるいは理論的な裏付けがあったということを意味しません．それらに関わる実験や観察といっても多くの別の解釈も可能だったのです．事情はむしろ逆で，特殊相対性理論という"見通し"のもとでそれら実験・観察の意味が理解されるようになっていったのです．

11. マクスウェルの方程式

マクスウェル方程式とは電磁気学および光学に関する基本方程式です．これにより，電気的・磁気的現象のすべてを記述することができます．この式は1860年代から70年代にかけてマクスウェルによってまとめられたもので，そのため彼の名が冠されています．

☞ J.C.マクスウェル（1831-1879）．イギリスの物理学者．ケンブリッジ大学の有名なキャベンディシュ研究所の創設者である．彼の伝記としては，たとえば，D.K.C.マクドナルド／原島鮮訳『ファラデー，マクスウェル，ケルビン』河出書房新社（1979年）が興味深い．

なお，アインシュタインはこの方程式をマクスウェル-ヘルツ方程式と呼んでいますが，これはマクスウェル方程式の確立にヘルツが決定的な役割りを果たしたからです．

▷ H.ヘルツ（1857-1894）．ドイツの物理学者．マクスウェル理論から予言される電磁波を初めて実験的に検出した．現在，周波数（振動数）の単位は，国際的に，彼の名にちなんでヘルツ（Hz）が用いられている．

しかし本書では，原論文の部分を除き，単に"マクスウェル（の）方程式"と呼ぶことにします．他意はありません．マクスウェル-ヘルツでは長くてわずらわしいからです．それに現在ではそのように呼ぶことが普通のようです．

著者はアインシュタインが特殊相対性理論をつくりあげた主要な動機に力学と電磁気学の矛盾の問題があったと考えています．これについての詳細は省きますが，すでに7節で力学においては広範に成立する（ガリレイの）相対性原理が電磁気学や光学では成立しないということは書きました．アインシュタインの選択はマクスウェル方程式と（アインシュタインの）相対性原理を前提とし力学の方程式を書き直すことだったのです．

方程式の現物

さて，問題のマクスウェル方程式は真空に関しては次の形をしています：

$$\frac{1}{V}\frac{\partial X}{\partial t} = \frac{\partial N}{\partial y} - \frac{\partial M}{\partial z}, \quad \frac{1}{V}\frac{\partial L}{\partial t} = \frac{\partial Y}{\partial z} - \frac{\partial Z}{\partial y}$$

(II. 11-1) (II. 11-4)

11. マクスウェルの方程式

$$\frac{1}{V}\frac{\partial Y}{\partial t} = \frac{\partial L}{\partial z} - \frac{\partial N}{\partial x}, \quad \frac{1}{V}\frac{\partial M}{\partial t} = \frac{\partial Z}{\partial x} - \frac{\partial X}{\partial z}$$

(II.11-2) (II.11-5)

$$\frac{1}{V}\frac{\partial Z}{\partial t} = \frac{\partial M}{\partial x} - \frac{\partial L}{\partial y}, \quad \frac{1}{V}\frac{\partial N}{\partial t} = \frac{\partial X}{\partial y} - \frac{\partial Y}{\partial x}$$

(II.11-3) (II.11-6)

さらに,これらに加え,

$$\frac{\partial X}{\partial x} + \frac{\partial Y}{\partial y} + \frac{\partial Z}{\partial z} = 0, \quad \frac{\partial L}{\partial x} + \frac{\partial M}{\partial y} + \frac{\partial N}{\partial z} = 0$$

(II.11-7) (II.11-8)

があります.大変むずかしそうな方程式です.実際,この方程式を十分説明するには1冊の本あるいは部厚い本の何節かが必要です.しかしながら,この方程式の意味に"熟達"していなければアインシュタインの原論文の論旨を追うことができないというわけでも原論文を鑑賞できないというわけでもありません.以下必要な説明を加えておきましょう.

　□マクスウェル方程式は用いる単位系によって若干形が変わってくる.上の式は,アインシュタインにしたがい,ガウス単位系という単位で記述されている.

上の式で V は(すでに出たように)光速度を表しています.X, Y, Z は(座標軸の名前ではなくて!)それぞれ電気力というベクトル $\boldsymbol{E}$ の X 成分,Y 成分,Z 成分を表しています.すなわち,

$$\boldsymbol{E} = (X, Y, Z) \qquad (\text{II.11-9})$$

また，L, M, N はそれぞれ磁気力というベクトル $\boldsymbol{H}$ の X 成分，Y 成分，Z 成分です．すなわち，

$$\boldsymbol{H} = (L, M, N) \qquad (\text{II}.11\text{-}10)$$

そして，この方程式は座標 (x, y, z) および時間 t で記述されています．

電気力と磁気力

電気力とか磁気力というのは，ある電磁気的な"雰囲気"（以下これを場という名で呼びます——"雰囲気"といっても何かある物体が存在するわけではありません）の中に単位の大きさ（"1"の大きさ）の電荷あるいは磁荷を置いた（静止させた）ときそれに作用する力で定義されるものです．(II.11-1)〜(II.11-8) 式を見ればわかるように，電気力 $\boldsymbol{E}$ および磁気力 $\boldsymbol{H}$，あるいはそれらベクトルの成分である X, Y, Z および L, M, N のそれぞれは，位置 (x, y, z) と時間 t の関数です．

場の中のある点における電気力がある時刻で $\boldsymbol{E}$ であるとは，その時刻のときその点に 1（CGS 静電単位）の大きさの電荷を置くと $\boldsymbol{E}$ の大きさと方向の力が作用するということを意味します．[ついでながら，その場合，q の大きさの電荷を置いたとすると，力は $q\boldsymbol{E}$ になります．]

電気力の簡単な例

クーロンの法則という有名な法則があります．これは q_1 および q_2 という電荷（電気量——CGS 静電単位）が r

(cm) の距離離れている場合に電荷同士が作用し合う力 f (ダイン) の大きさを規定します．[CGS静電単位は電荷の，またダイン (dyn) は力の大きさを表す単位です．] そして，その力は次のように表されます．

$$f = \frac{q_1 q_2}{r^2} \tag{II.11-11}$$

[この場合，作用する力の方向は，二つの電荷を結ぶ直線上にあることがわかっていますので，力は大きさ（スカラー量）のみが規定できればよいのです．]

いま，q という大きさの電荷から r だけ離れた位置における電気力 E を求めてみましょう．電気力は1の大きさの電荷に作用する力で定義されるのでしたから，ここでは電荷量 q と電荷量1とが r の距離にあるときに作用する力がそれに対応します．(II.11-11) 式で $q_1 = q, q_2 = 1$ とおいて，

$$E = \frac{q}{r^2} \tag{II.11-12}$$

これが q の大きさの電荷がつくる場（電気の場）において q から r だけ離れた点での電気力です．

以上は電気力だけの説明でしたが，磁気力についても同様に考えて下さい．すなわち，ある時刻で場の中のある点（位置）における磁気力が $\boldsymbol{H}$ であるとは，その時刻のその点に1 (CGS電磁単位) の大きさの磁荷を置くと，$\boldsymbol{H}$ の大きさと方向の力が作用することを意味します．[ここで，CGS電磁単位とは磁荷の量を測る単位です．]

マクスウェル方程式に現れる記号の説明に続き，今度は式の物理的意味を，可能な範囲で，また原論文鑑賞に必要な範囲で，記述しておきましょう．

方程式の内容

私たちは電流が磁気の場をつくること，また逆に，運動する磁石がコイルに電流を発生させることを知っています．前者については，アンペールの法則あるいはビオ－サヴァールの法則という名とともに，電流を通じた導線の近くに置いた磁針が動くという実験を思い起こす読者もいることでしょう．また，後者はファラデーの電磁誘導という有名な現象です．

マクスウェルの偉大な業績の一つは，これらの法則を一般化し数学的形式に表現したことにあります．すなわち，磁気の場（磁気力）をつくる電流とは，何も導線の中を流れる電流（電荷をもった物質の流れ）に限らず，一般に電気力の変化（時間的変化）であると考えたことです．また，ファラデーの法則については，磁気力の変化（時間的変化）は常に電気力を発生させると一般化しました．変化する磁気力の付近に導線があれば，発生した電気力は導線中の（自由）電子に作用し電荷の流れ，すなわち電流をつくり出すわけです．

ここで (II.11-1)〜(II.11-3) の一組の式を考察しましょう．これらの式の左辺は電気力の時間による偏微分——電気力の時間的変化——を表現しています．一方，右辺は

その電気力の変化によって生じた磁気力に対応します.

同様に (II.11-4)〜(II.11-6) の一組の式は,磁気力の変化によって発生する電気力を表現しています.

なお,(II.11-7) および (II.11-8) 式は,それぞれ電気力および磁気力に対する補足条件（ガウスの法則）です.この二つの式は原論文の中に直接は出てきません.したがって,式の物理的意味の説明は省いておきます.ただし,この二つの式を考慮しないと原論文を追うときさしつかえがでますので注意が必要です.

携帯電流を含む場合

以上は真空に関するマクスウェル方程式の説明です.一方,（真空ではなく）電荷をもった物質の流れが存在する過程,すなわち携帯電流といわれるものを含む場合においては式が次のようになります.

$$\frac{1}{V}\left\{u_x\rho + \frac{\partial X}{\partial t}\right\} = \frac{\partial N}{\partial y} - \frac{\partial M}{\partial z} \quad \text{(II.11-13)}$$

$$\frac{1}{V}\left\{u_y\rho + \frac{\partial Y}{\partial t}\right\} = \frac{\partial L}{\partial z} - \frac{\partial N}{\partial x} \quad \text{(II.11-14)}$$

$$\frac{1}{V}\left\{u_z\rho + \frac{\partial Z}{\partial t}\right\} = \frac{\partial M}{\partial x} - \frac{\partial L}{\partial y} \quad \text{(II.11-15)}$$

$$\frac{1}{V}\frac{\partial L}{\partial t} = \frac{\partial Y}{\partial z} - \frac{\partial Z}{\partial y} \quad \text{(II.11-16)}$$

$$\frac{1}{V}\frac{\partial M}{\partial t} = \frac{\partial Z}{\partial x} - \frac{\partial X}{\partial z} \quad \text{(II.11-17)}$$

$$\frac{1}{V}\frac{\partial N}{\partial t} = \frac{\partial X}{\partial y} - \frac{\partial Y}{\partial x} \qquad (\text{II}.11\text{-}18)$$

$$\frac{\partial X}{\partial x} + \frac{\partial Y}{\partial y} + \frac{\partial Z}{\partial z} = \rho \qquad (\text{II}.11\text{-}19)$$

$$\frac{\partial L}{\partial x} + \frac{\partial M}{\partial y} + \frac{\partial N}{\partial z} = 0 \qquad (\text{II}.11\text{-}20)$$

これらを (II.11-1)～(II.11-8) 式と比較してみればわかるように, (II.11-16)～(II.11-18) および (II.11-20) 式は真空に関するものと同じです. そこで, 両者において違いのある部分について簡単に考察してみましょう.

まず, 上の式において ρ は単位体積当たりに存在する物質の電荷量（電荷密度）に対応します.［正確には, 電荷密度の 4π 倍を表す物理量なのですが, ここでは細かなファクターについては考察しません.］また, (u_x, u_y, u_z) は電荷をもった物質の流れの速度ベクトルであり, たとえば u_x は速度の X 成分です. 電荷をもった物質（電気力の源）の流れは電気力の変化と基本的に同じものです. そこで (II.11-1)～(II.11-3) 式の左辺に付加的な項が添えられ (II.11-13)～(II.11-15) 式となったわけです. 電気力に関する補足条件 (II.11-19) 式の右辺には, 真空の場合 [(II.11-7) 式] と異なり, ρ が現れていることに注意して下さい.

なお, 式 (II.11-13)～(II.11-20) は式 (II.11-1)～(II.11-8) を含むということ, すなわち前者において $\rho=0$（電荷をもった物質は存在しない）とすると後者の真空に

12. ローレンツ力

ある大きさと方向の電気力 E が存在する場に q の大きさの電荷を置くと，電気力の定義（11節）により，その電荷には

$$f = qE \qquad \text{(II.12-1)}$$

の大きさと方向の力が作用します．この力の方向は，第Ⅰ章5節のベクトルとスカラーの積の定義から明らかなように，電気力の方向と一致します．

一方，ある大きさと方向の磁気力 H が存在する場に q の大きさの電荷を置いてもそれに対して力は作用しません［電気力は存在しないのですから］．ところが，その電荷が運動している場合には，それに対して力が働きます．いま，その運動の速度の大きさと方向を v というベクトルで表現すると，電荷に作用する力の大きさと方向は

$$f = \frac{q}{V}(v \times H) \qquad \text{(II.12-2)}$$

となります．ここで V は光速度，$(v \times H)$ は電荷の速度ベクトル v と磁気力のベクトル H との外積です．

第Ⅰ章5節のベクトルの外積の定義からわかるように，電荷に作用する力の方向は電荷の運動の方向と磁気力の方向の双方に対して垂直です．同じことをいいますが，電荷に作用する力の方向は電荷の運動の方向に垂直です；し

たがって磁気力は電荷の運動方向を曲げる方向の力（偏向力）を作用させます．仮りに，電荷の運動方向と磁気力の方向が一致していれば，ベクトルの外積の定義により，電荷に作用する力の大きさは零となります［第Ⅰ章5節（I. 5-16）式およびその説明参照］．

電荷の速度をX軸方向で大きさv，磁気力をY軸の方向で大きさHとしますと，電荷はZ軸方向に偏向力を受けます［図Ⅱ-4］．その大きさは，

$$|\boldsymbol{f}| = f = \frac{q}{V} vH \tag{II.12-3}$$

です［第Ⅰ章5節最後の"練習"参照］．

ローレンツ力は（Ⅱ.12-2）式で定義される量です．あるいは電気力と磁気力が同時に存在する場合には（Ⅱ.12-1）と（Ⅱ.12-2）式を合わせた力

$$\boldsymbol{f} = q \cdot \left[\boldsymbol{E} + \frac{1}{V}(\boldsymbol{v} \times \boldsymbol{H})\right] \tag{II.12-4}$$

が作用します．この式で定義される力をローレンツ力と呼ぶこともあります．

図Ⅱ-4においてZ軸の負の方向にEという大きさの電気力を作用させると，電荷にはそれと同じ方向の電気力による偏向力qEが作用します．ここで，

$$qE = \frac{q}{V}vH \tag{II.12-5}$$

あるいは，

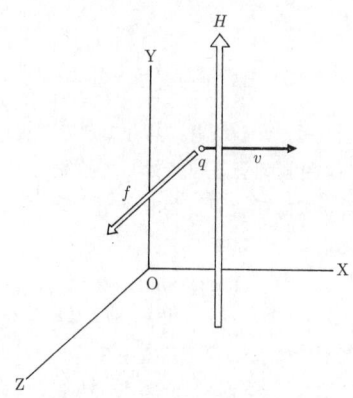

電荷には Z 軸の正の方向に $f = \dfrac{q}{V}vH$ の偏向力が作用する.

図II-4　磁気力中のローレンツ力

$$E = \frac{v}{V}H \qquad (\text{II.12-6})$$

という条件が成立するように電気力および/あるいは磁気力を調節してやれば，磁気力による偏向力と電気力による偏向力は大きさが同じで向きが反対となり，互いに打ち消し合って電荷に作用する正味の力は零となります．

なお，単位電荷に作用するローレンツ力は (II.12-4) 式において，$q=1$ として

$$\boldsymbol{f} = \boldsymbol{E} + \frac{1}{V}(\boldsymbol{v} \times \boldsymbol{H}) \qquad (\text{II.12-7})$$

です．

13. 音のドップラー効果

波動の源（波源）が観測者に対して運動している場合および/あるいは観測者が波源に対して運動している場合，波動の振動数が波源で観測した場合と異なってくる現象をドップラー効果といいます．

> ▫C.J.ドップラー（1803-1853）．オーストリアの物理学者．ドップラー効果の定式化は 1842 年のことである．

波動として私たちにおなじみなものの一つに音（音波）があります．そこで，音のドップラー効果について考察してみましょう．

> ▫ドップラー効果は，まず音波において確認された．ドップラー自身，光（光波）についても彼の効果が成立することは予想していたが，それについて正しい解釈を初めて与えたのはA.H.L.フィゾー（1819-1896；フランスの物理学者）である．そのため，この原理はドップラー‐フィゾーの効果とも呼ばれる．

音波における振動数は音の高さに対応しています．高い音は高い振動数をもっています．

まず，音源が静止し観測者が運動している場合，音速度を c，音源における振動数を ν，観測者が感知する振動数を ν' とすると，

$$\nu' = \nu \left(1 - \frac{v}{c}\right) \qquad (\text{II}.13\text{-}1)$$

(a) 音源静止, 観測者運動 — 音 (ν) → 観 (v →), $\nu' = \nu\left(1 - \dfrac{v}{c}\right)$

(b) 音源運動, 観測者静止 — 音 (ν, v →) → 観, $\nu' = \nu \dfrac{1}{1 - \dfrac{v}{c}}$

ν は音源における振動数，ν' は観測者の感知する振動数．速度は矢印の向きを正とする．

図II-5　音波におけるドップラー効果

が成立します［以下，図II-5参照］．ここで，観測者の速度 v は音源から遠ざかる方向を正と約束しております．この式より，観測者の音源から遠ざかる速度が大きいほど，観測者にとって音は低く聞こえることがわかります．逆に，観測者が音源に近づく場合，(II.13-1) 式において v の向きが正反対になりますから，v を $-v$ と置き換えて，

$$\nu' = \nu\left(1 + \frac{v}{c}\right) \quad\quad (\text{II}.13\text{-}2)$$

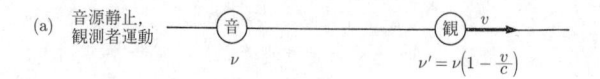

この場合には，観測者の音源に近づく速度が大きいほど，観測者にとって音は高く聞こえます．

　観測者が静止し音源が動いている場合，観測者が感知する振動数は

$$\nu' = \nu \frac{1}{1 - \dfrac{v}{c}} \quad\quad (\text{II}.13\text{-}3)$$

となります．ここで音源の速度 v は観測者に近づく方向

を正とします［図II-5（b）］．この式により，音源の観測者に近づく速度が大きいほど観測者にとって音は高く聞こえることがわかります．逆に，音源が観測者から遠ざかる場合，(II.13-3) 式において v の向きが正反対になりますから v を $-v$ に置き換えて

$$\nu' = \nu \frac{1}{1 + \dfrac{v}{c}} \qquad (\text{II}.13\text{-}4)$$

すなわち，音源の遠ざかる速度が大きいほど観測者にとって音は低く聞こえます．

サイレンを鳴らしながら移動する物体が通過する瞬間，サイレンが高い音から低い音へ変わるというのは日常よく経験しますが，それはこのドップラー効果によるものです．

波動として私たちにおなじみのもう一つの例に光（光波）があります．光についてもドップラー効果は存在し，それは（厳密なことをいわなければ）音の場合と同じです．

光の振動数は光の色に対応しています．虹の7色とその順番，すなわち

紫　藍　青　緑　黄　橙　赤

において，赤が最も振動数が小さく紫が最も振動数が大きい波です．地球から遠ざかりつつある物体から放出される光は"本来"よりも低い振動数を示します．これをむずか

しい表現で，スペクトル線の赤方偏移といいます．逆に，地球に近づきつつある物体から放出される光は"本来"よりも高い振動数を示します．これは青方偏移といわれます．[なぜ紫方偏移といわないのかということについては著者は知りません．]

しかし，相対性理論においては光に関するドップラー効果は音に関するものとは異なってきます．まず，音速度は（列車の速度と同じで）観測する座標系によって異なってきますが，光には光速度不変性の原理——観測する座標系に関わらず光速度は一定——が成立します．さらに，音波では，音源が動く場合と観測者が動く場合は異なった公式が与えられましたが，光の場合は相対性原理により，相対速度が等しければ光源が動いていようと観測者が動いていようと同じ式が成立しなければなりません．それでは，その式はいかなる形となるのか？ それが第III章の原論文（§7）とその解説（第IV章19節）の内容です．

☞ 音と光の違いについてもう一つだけ．音波については媒質が存在する．すなわち空気である．したがって，音源あるいは観測者が媒質に対して運動しているかどうかは物理的意味をもつ．一方，相対性理論によれば，光の媒質すなわちエーテルは存在しないのである．

14. 光 行 差

光行差とは観測者の運動によって光源の方向が見かけ上

変化する現象をいいます．

いま十分遠方に一つの光源を想定します．そして，これを速度 v で運動している観測者が観測するとします．具体例としては，恒星を地球上で観測することを想定すればよいでしょう．観測者は地球の公転に基づく運動をしています．なお，十分遠方といいますのは，観測者の少々の運動によっても光源の方向が変わらないよう挿入した条件です．近くの光源だったら見る位置が少し変わっただけで方向が変わってしまいますから．

簡単のため，光源の"実際の"位置は観測者の真上にあるとします．このとき観測者はどの方向に望遠鏡を向ければ光源（恒星）が見えるかというのが本節の問題です．

一見したところ望遠鏡は真上に向ければよいように思われます．ところが実際は違うのです．望遠鏡の先端に入った光はそのまま直進します．そして，望遠鏡の先端に光が入った瞬間から観測者の目の位置に光が到着するまでの時間を t とすると，その時間の間に観測者は vt の距離だけ進んでしまいます．つまり，光は観測者の目には入りません．

光源を観測するには，観測者は図 II-6 における φ' の方向に望遠鏡を向ければよいのです．こうすれば，観測者の運動方向に垂直に入射する光が観測者の運動と"歩調"を合わせ観測者の目に飛び込んできます．角度 φ' は図において $BO = vt, AO = Vt$ であること，またピタゴラスの定理より $AB = \sqrt{V^2 + v^2} \cdot t$ であることを考慮し，さらに

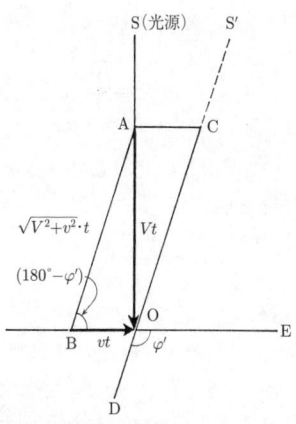

速度 v で運動する観測者は,"実際には"真上にある光源を観測するのに望遠鏡を φ' の方向に向けなければならない. ここで, □ABOC は平行四辺形. さらに φ' は $\cos\varphi' = -v/\sqrt{V^2+v^2} \approx -v/V$ と表される.

図II-6 光行差

角度 ABO と角度 COE は等しく (図形 ABOC は平行四辺形), また角度 COE は $(180° - \varphi')$ であることから,

$$\cos(180° - \varphi') = \frac{v}{\sqrt{V^2+v^2}} \qquad (\text{II}.14\text{-}1)$$

と書き表せます. ここで三角法の公式より

$$\cos(180° - \varphi') = -\cos\varphi' \qquad (\text{II}.14\text{-}2)$$

を用いると,

$$\cos\varphi' = -\frac{v}{\sqrt{V^2+v^2}} \qquad (\text{II}.14\text{-}3)$$

あるいは、右辺の分母・分子を V で割って

$$\cos\varphi' = -\frac{\left(\dfrac{v}{V}\right)}{\sqrt{1+\left(\dfrac{v}{V}\right)^2}} \qquad (\text{II}.14\text{-}4)$$

ここで、$(v/V)^2$ の項は 1 に比較して小さいとして無視すると（第Ⅰ章 7 節参照），

$$\cos\varphi' = -\frac{v}{V} \qquad (\text{II}.14\text{-}5)$$

を得ます．すなわち，光源の"本当の"位置は $\varphi=90°$ の方向にあるのに，望遠鏡＝観測者が運動しているため（Ⅱ.14-3）あるいは（Ⅱ.14-5）式で表される角度 φ' の方向にあるように見えるということになります．なお，観測者が静止していれば，（Ⅱ.14-3）あるいは（Ⅱ.14-5）式において $v=0$ とし，

$$\cos\varphi' = 0 \qquad (\text{II}.14\text{-}6)$$

すなわち $\varphi'=90°$ となって光源の"実際の"方向 φ と一致します．

　読者の中には，この光源の方向の見かけ上の変化は望遠鏡という特殊な道具を用いたから生じたのではないかと考える人もいることでしょう．それは違います．（Ⅱ.14-3）あるいは（Ⅱ.14-5）式，さらにはそれらの導出の過程において望遠鏡の長さは考慮されていません．いいかえれば，それらの式は"限りなく短い"望遠鏡でも成立するのです．

　あるいはもっと日常的な現象と結びつけてみましょう．

地上に対して垂直に落下する雨を，動いている物体上（たとえば電車の窓）からながめると斜めに降っているように見えます．これは光行差と基本的に同じ現象です．

> ☞ 光行差の現象は J.ブラッドリー（1693-1762；イギリスの天文学者）によって 1727 年に発見された．彼は恒星が 1 年間に小さな楕円を描いて動くことを見出し，これを光行差で説明したのである．本書で詳説する余裕はないが，彼の観測とその解釈は物理学史上次のような意味をもつといわれている．
> ① 光速度を求める新しい方法を提起したこと．[(II. 14-5) 式において φ' と v がわかれば V が導出される．]
> ② N.コペルニクス（1473-1543）の『天体の回転について』（1543 年）において説かれた地球の公転（運動）が確認されたこと．
> ③ 光は地球のエーテルに対する運動（7 節参照）とは無関係に，直進するということ．

15. 電気力学的波の方程式

11 節では電気力 (X, Y, Z) および磁気力 (L, M, N) が満足すべき方程式——マクスウェルの方程式——を考察しました．ここでは，電気力と磁気力を具体的に書き，マクスウェルの方程式からどんな関係が導出されるかを調べてみます．マクスウェル方程式を用いる演習問題とも考えて下さい．

電気力および磁気力の現物

電気力および磁気力として，アインシュタインは次の形のものを採用し考察しています．

$X = X_0 \sin \Phi$ (II.15-1),　$L = L_0 \sin \Phi$ (II.15-4)

$Y = Y_0 \sin \Phi$ (II.15-2),　$M = M_0 \sin \Phi$ (II.15-5)

$Z = Z_0 \sin \Phi$ (II.15-3),　$N = N_0 \sin \Phi$ (II.15-6)

ここで，

$$\Phi = \omega \left(t - \frac{ax+by+cz}{V} \right) \quad \text{(II.15-7)}$$

は位相と呼ばれる物理量です．

(X_0, Y_0, Z_0) および (L_0, M_0, N_0) は振動する波動の振れ幅を表し，それぞれ電気力の振幅および磁気力の振幅といいます．振幅はベクトル量であり，たとえば，X_0 は電気力の振幅ベクトルのX成分，M_0 は磁気力の振幅ベクトルのY成分です．

位相 Φ の中に現れる ω は角振動数といわれ，波動の振動数（単位時間の間に波が振動する回数）ν とは

$$\nu = \frac{\omega}{2\pi} \quad \text{(II.15-8)}$$

の関係にあります．ここで π はおなじみの円周率で 3.141592… という数字のことです．物理では記号 π を用いて表現するのが普通です．

方向余弦

さらに，(a, b, c) は波の進行方向（法線の方向ともいわ

れます）を規定するベクトルで，たとえば a はそのベクトルのX成分を意味します．ベクトルは大きさと方向をもつ量のことですが，このベクトルは方向のみを規定すればよいので簡単のためその大きさは1（単位ベクトル）であるとしておきます．すなわち，

$$a^2 + b^2 + c^2 = 1 \quad (\text{II}.15\text{-}9)$$

また，a, b, c のそれぞれは方向余弦ともいわれます．それは，ベクトル (a, b, c) がX軸，Y軸，Z軸のそれぞれとなす角度のコサイン（余弦）が a, b, c になるからです．たとえばX軸を大きさ1の

$$\boldsymbol{x} = (1, 0, 0) \quad (\text{II}.15\text{-}10)$$

というベクトルで表し，それとベクトル $(a, b, c) = \boldsymbol{k}$ との間の角度を φ とすると，第I章5節の（I.5-4）式より

$$\boldsymbol{k} \cdot \boldsymbol{x} = |\boldsymbol{k}| \cdot |\boldsymbol{x}| \cos \varphi \quad (\text{II}.15\text{-}11)$$

ここで，第I章5節の（I.5-3）式を用いて

$$\boldsymbol{k} \cdot \boldsymbol{x} = a \quad (\text{II}.15\text{-}12)$$

また，約束上

$$|\boldsymbol{k}| = |\boldsymbol{x}| = 1 \quad (\text{II}.15\text{-}13)$$

ですから（II.15-11）式より

$$a = \cos \varphi \quad (\text{II}.15\text{-}14)$$

となります．もちろん，Y軸，Z軸についても同様に証明することができます．

（II.15-1）～（II.15-6）式において (X_0, Y_0, Z_0) および (L_0, M_0, N_0) を定め，さらに Φ において x, y, z, t 以外の量が与えられれば電気力学的波はすべて決定されます．あ

とは, x, y, z, t に数字を入れれば Φ が決定され, それによってその位置 (x, y, z) およびその時刻 t における電気力 (X, Y, Z) と磁気力 (L, M, N) が算出されるというしかけです.

準　備

さて, (II.15-1)〜(II.15-7) 式は真空におけるマクスウェルの方程式 (II.11-1)〜(II.11-8) を満足しなければなりません. まず, (II.11-1) 式に対しては第 I 章 9 節の (I.9-7) および (I.9-10) 式を参照して X, N, M [(II.15-1), (II.15-6), (II.15-5) 式] についての偏微分を実行し,

$$\frac{\partial X}{\partial t} = \omega X_0 \cos \Phi \qquad \text{(II.15-15)}$$

$$\frac{\partial N}{\partial y} = -\frac{\omega}{V} b N_0 \cos \Phi \qquad \text{(II.15-16)}$$

$$\frac{\partial M}{\partial z} = -\frac{\omega}{V} c M_0 \cos \Phi \qquad \text{(II.15-17)}$$

の関係をそれに代入して

$$\frac{\omega}{V} X_0 \cos \Phi = -\frac{\omega}{V} b N_0 \cos \Phi + \frac{\omega}{V} c M_0 \cos \Phi \qquad \text{(II.15-18)}$$

この式の両辺を $\omega \cos \Phi / V$ で割って

$$X_0 = -b N_0 + c M_0 \qquad \text{(II.15-19)}$$

を得ます. 以下同様にして (II.11-2)〜(II.11-6) 式のそれぞれに関し順番に,

$$Y_0 = -cL_0 + aN_0 \tag{II.15-20}$$
$$Z_0 = -aM_0 + bL_0 \tag{II.15-21}$$
$$L_0 = -cY_0 + bZ_0 \tag{II.15-22}$$
$$M_0 = -aZ_0 + cX_0 \tag{II.15-23}$$
$$N_0 = -bX_0 + aY_0 \tag{II.15-24}$$

の関係が導出されます．さらに (II.11-7) 式については
$$aX_0 + bY_0 + cZ_0 = 0 \tag{II.15-25}$$
(II.11-8) 式については
$$aL_0 + bM_0 + cN_0 = 0 \tag{II.15-26}$$
の関係が得られます．

横　波

(II.15-25) と (II.15-26) 式は，電気力の振幅ベクトル (X_0, Y_0, Z_0) と磁気力の振幅ベクトル (L_0, M_0, N_0) のそれぞれが波の方向を規定するベクトル (a, b, c) に垂直であることを表しています．(II.15-25) 式の左辺は電気力の振幅ベクトルと方向ベクトルの内積を表します．そして，二つのベクトルの内積が零であるとはそれらベクトルが互いに垂直であることを示します [第 I 章 5 節参照]．(II.15-26) 式についても同様です．このことは，電気力学的波は進行方向に対して垂直に振動していることを意味します．こういう波を横波といいます．ついでながら音は縦波といい，波は進行方向に振動しています．

電気力の振幅と磁気力の振幅は互いに垂直であること

さらについでながら，電気力の振幅ベクトル $\boldsymbol{E}_0 = (X_0, Y_0, Z_0)$ と磁気力の振幅ベクトル $\boldsymbol{H}_0 = (L_0, M_0, N_0)$ の内積を計算してみます．

$$\boldsymbol{E}_0 \cdot \boldsymbol{H}_0 = X_0 L_0 + Y_0 M_0 + Z_0 N_0 \qquad (\text{II}.15\text{-}27)$$

この式の右辺に（II.15-22）〜（II.15-24）式を代入して L_0, M_0, N_0 を消去します．すると，

$$\begin{aligned}\boldsymbol{E}_0 \cdot \boldsymbol{H}_0 =& X_0(-cY_0 + bZ_0) + Y_0(-aZ_0 + cX_0) \\ &+ Z_0(-bX_0 + aY_0) = 0 \qquad (\text{II}.15\text{-}28)\end{aligned}$$

すなわち，電気力の振幅ベクトルと磁気力の振幅ベクトルも互いに垂直です．これも一般性をもつ重要な結果です．

電気力の振幅の大きさと磁気力の振幅の大きさが等しいこと

大分長くなりましたが考察はまだ続きます．次に電気力の振幅ベクトルの大きさと磁気力の振幅ベクトルの大きさが等しいことを証明します．すなわち，

$$X_0{}^2 + Y_0{}^2 + Z_0{}^2 = L_0{}^2 + M_0{}^2 + N_0{}^2 \qquad (\text{II}.15\text{-}29)$$

が私たちの求めるものです．まず，(II.15-19)〜(II.15-21) 式を用いて，

$$\begin{aligned}&X_0{}^2 + Y_0{}^2 + Z_0{}^2 \\ &= (-bN_0 + cM_0)^2 + (-cL_0 + aN_0)^2 + (-aM_0 + bL_0)^2 \\ &= L_0{}^2(b^2 + c^2) + M_0{}^2(c^2 + a^2) + N_0{}^2(b^2 + a^2) \\ &\quad - 2M_0 N_0 bc - 2L_0 N_0 ac - 2L_0 M_0 ab \qquad (\text{II}.15\text{-}30)\end{aligned}$$

ここで，(II.15-9) 式より得られる関係式

$$b^2+c^2 = 1-a^2 \quad (\text{II}.15\text{-}31)$$
$$c^2+a^2 = 1-b^2 \quad (\text{II}.15\text{-}32)$$
$$b^2+a^2 = 1-c^2 \quad (\text{II}.15\text{-}33)$$

を代入すると,

$$\begin{aligned}&X_0{}^2+Y_0{}^2+Z_0{}^2\\&= L_0{}^2(1-a^2)+M_0{}^2(1-b^2)+N_0{}^2(1-c^2)\\&\quad -2M_0N_0bc-2L_0N_0ac-2L_0M_0ab\\&= L_0{}^2+M_0{}^2+N_0{}^2-(L_0{}^2a^2+M_0{}^2b^2+N_0{}^2c^2\\&\quad +2M_0N_0bc+2L_0N_0ac+2L_0M_0ab)\end{aligned} \quad (\text{II}.15\text{-}34)$$

ここで因数分解の一般公式によれば,

$$\begin{aligned}&L_0{}^2a^2+M_0{}^2b^2+N_0{}^2c^2\\&\qquad +2M_0N_0bc+2L_0N_0ac+2L_0M_0ab\\&= (L_0a+M_0b+N_0c)^2\end{aligned} \quad (\text{II}.15\text{-}35)$$

この式の値は (II.15-26) 式より零です. したがって私たちは (II.15-34) 式より (II.15-29) 式を得ます.

エネルギー密度

最後に原論文で用いられる用語二つについて紹介しておきます. 一つは波のエネルギー密度というものです. これは波の単位体積当たりのエネルギー量を与えるもので,

$$\frac{1}{16\pi}(X_0{}^2+Y_0{}^2+Z_0{}^2+L_0{}^2+M_0{}^2+N_0{}^2) \quad (\text{II}.15\text{-}36)$$

で算出されます. これは, (II.15-29) 式の関係を用いると,

$$\frac{1}{8\pi}(X_0{}^2+Y_0{}^2+Z_0{}^2) \qquad (\text{II}.15\text{-}37)$$

あるいは

$$\frac{1}{8\pi}(L_0{}^2+M_0{}^2+N_0{}^2) \qquad (\text{II}.15\text{-}38)$$

とも書くことができます．

平面波

もう一つ．(II.15-1)～(II.15-7) 式で表現される波は平面波といわれます．それは，一定時刻において，進行方向に垂直な面内においては状態がすべて同一の波を意味します．

図II-7 において波の進行方向 $\boldsymbol{k}=(a,b,c)$ に垂直な平面内における任意の2点 $r_1(x_1,y_1,z_1)$ および $r_2(x_2,y_2,z_2)$ のそれぞれにおける位相 Φ_1 と Φ_2 は (II.15-7) 式により次のようになります．

$$\Phi_1 = \omega\left(t-\frac{ax_1+by_1+cz_1}{V}\right) \qquad (\text{II}.15\text{-}39)$$

$$\Phi_2 = \omega\left(t-\frac{ax_2+by_2+cz_2}{V}\right) \qquad (\text{II}.15\text{-}40)$$

ここで，時刻 t は両方において共通です．これから，

$$\Phi_2-\Phi_1 = \frac{\omega}{V}[a(x_1-x_2)+b(y_1-y_2)+c(z_1-z_2)]$$

$$(\text{II}.15\text{-}41)$$

一方，図より r_2 をシッポ，r_1 をアタマとするベクトル $\boldsymbol{r}$

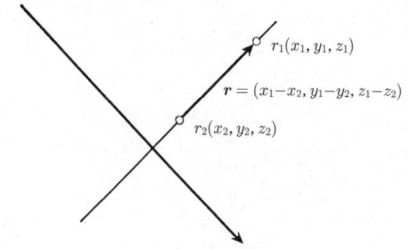

波の進行方向 $\boldsymbol{k}$ に垂直な平面内の点 r_1 および r_2 においては波の位相は等しい.

図 II-7 平面波

の成分は,

$$\boldsymbol{r} = (x_1 - x_2, y_1 - y_2, z_1 - z_2) \qquad (\text{II}.15\text{-}42)$$

そして，このベクトルはベクトル $\boldsymbol{k}$ と垂直であるというのが前提ですから，

$$\boldsymbol{k} \cdot \boldsymbol{r} = 0 \qquad (\text{II}.15\text{-}43)$$

あるいは

$$a(x_1 - x_2) + b(y_1 - y_2) + c(z_1 - z_2) = 0 \qquad (\text{II}.15\text{-}44)$$

となります．これを考慮すると (II.15-41) 式により，

$$\Phi_1 = \Phi_2 \qquad (\text{II}.15\text{-}45)$$

すなわち，2点における位相は等しいことがわかります．位相が等しければ，(II.15-1)〜(II.15-6) 式より，電気力と磁気力はその2点において等しい値をもちます．つまりその2点において波の状態は同一です．

第 III 章

アインシュタインの原論文　その 1

運動している物体の電気力学について
(唐木田 健一 訳)

訳 者 序

1. 本論文は A. Einstein, "Zur Elektrodynamik bewegter Körper", *Annalen der Physik*, **17** (1905), pp. 891–921 に直接基づいて日本語に訳出された．行間にある括弧内の数字は原論文のページである．
2. 訳出にあたっては原文の式の形式を（付随するカンマ，ピリオドを含め）そのまま保つよう配慮した．唯一の例外は原論文 894 ページの初めの式であり，訳文では式末尾のピリオドを除いてある．なおこの方針に基づき，"（ ）" 内に "｜ ｜" が入ったり，あるいは二重括弧の使用 "(( ))" といった通常の作法からははずれるものもそのままとした．また，現在の印刷上の約束ではローマン体を使用すべき文字（たとえば，演算子である微分記号のd）も原論文に基づきイタリック体とした．さらに，特定の物理量を表す文字で現在の国際規約をはずれるものも原形を保った．これについて，とくに光速度（現在では c と規定されている）が V と表されていることは相対論を少しでも学んだことのある読者に対して読みにくい感じを与えるであろう．しかしこれは訳者も承知の上である．
3. 文章中のイタリック体は，物理量を除き，傍点で表現した．同じく，物理量ではない単独の文字のイタリック体は（原著者に強意の意図はなかったと判断し，現在の印刷上の規約にしたがって）ローマン体とした．これについては，たとえば，A, B など（点あるいは位置の名称），X, Y, Z など（座標軸の名称），K, k など（座標系の名称）が該当する．
4. 本文中での引用符 „……" は訳者にとってよりなじみのある "……" に変えた．［これは訳者の趣味の問題であって原則上の問題ではない．］

5. 原論文では式に番号はふられていない．(原-12) などの式番号は，あとの解説のため訳者が付加したものである．また，同じく主としてあとの解説とのつなぎのため，本文中に [**12**] のような形式で訳者補注を挿入した．
6. 原論文本文に直接関わる注は訳者脚注として * あるいは ** で示した．原著者による注はすべて "[1])" である．[なお，細かなことになるが，原論文における注は "[1])" のように括弧を上ツキにしていない．これは見苦しいし，また純然たる印刷上の問題であるので上ツキになおした．]

3. 運動している物体の電気力学について [1];

A. アインシュタイン著

　マクスウェルの電気力学は，現在の普通の解釈によれば，運動物体に適用した場合現象に固有とは思われない非対称を導くことが知られている [2]．たとえば，磁石と導体との電気力学的相互作用を考えてみる．ここにおいて観察される現象は，導体と磁石との相対運動にのみ依存する．ところが，普通の解釈によれば，二つの場合，つまりこれらの物体のどちらが運動しているかということは相互に明確な区別をしなければならない．すなわち，磁石が運動し導体が静止している場合は磁石のまわりに一定の値のエネルギーの電場が生じ，そのため導体の存在する場所に電流が発生する．しかし，磁石が静止し導体が運動する場合は磁石のまわりに電場は生じない．その代わり導体の中には起電力が生ずる．その起電力に対応するエネルギーは元来存在しない．しかしそれは，着目した二つの場合の相対運動が同じことを前提とすれば，前者の場合に電気力によって生じたのと同じ大きさで同じ方向の電流を生ずる．

　同じ種類の例ならびに"光の媒質"に対する地球の運動を確立しようとする不成功に終った試み [3] とから次の

ような推測が導出される．すなわち，力学においてのみならず電気力学においても，現象の性質は絶対静止という概念に何ら対応していない．むしろ，第一次の近似においてはすでに立証されているように，力学の方程式が成立するすべての座標系に関してはまた電気力学や光学の法則が同じ形で成立する [4]．われわれはこの推測（以後その内容は"相対性原理"と呼ばれるであろう）を仮定として挙げたい．また，それに加えて，それと単に外見上矛盾したもう一つの仮定を導入する．すなわち，光は光源の運動状態に関わらず真空中を常に一定の速度 V で伝播する [5]．静止物体に関するマクスウェル理論を基礎とし運動物体の単純かつ一貫した電気力学を得るにはこれら二つの仮定で十分である．これから展開する見解によれば，特異な性質をもった"絶対静止空間"を導入することも，また電磁気的過程が生ずる真空中の1点に一つの速度ベクトル [6] をつけ足すこともないという意味において"光のエーテル"の導入は不必要であることが示されるであろう．

　これから展開する議論は，他のすべての電気力学と同様，剛体の運動学に基づく；というのは，いかなる理論の主張も剛体 [7]（座標系）・時計および電磁気的過程の間の問題となるからである．この事情を十分考慮に入れなかったことが，運動する物体の電気力学が現在克服しなければならない困難の根源なのである．

I. 運動学の部

§1. 同時性の定義

一つの座標系が存在し，そこではニュートン力学の方程式が成立するとしよう [**8**]．あとで導入することになる別の座標系と用語上の区別をするため，またその概念を正確に規定するため，この座標系を"静止系"と呼ぶ．

一つの質点がこの座標系に関して静止しているならば，この系に関するその位置はユークリッド幾何の方法 [**9**] に基づき剛体のものさしで決定することができ，またデカルト座標で表現することができる．

もしわれわれが一つの質点の運動を記述したいのならば，その座標の値を時間の関数として与える [**10**]．この種の数学的記述は，そこにおいて"時間"がどう理解されているかがあらかじめ明らかにされていて初めて物理的意味をもつということをここで銘記すべきである [**11**]．時間に関係するわれわれのすべての判断は，常に，同時刻の事象に関する判断であることを考慮に入れなければならない．たとえば私が"あの列車は7時にここに到着する"と言ったとき，それは結局のところ"私の時計の短針が7を指すことと列車の到着が同時刻の事象である"ことを意味する[1]．

---

[1] （近似的に）同一の地点における二つの事象の同時性の概念に潜み，かつ抽象化によって取り除かれねばならない不正確さ [**12**] についてはここでは詳論しないこととしたい．

時間の定義に関係した困難のすべては，私が"時間"の代わりに"私の時計の短針の位置"を指定することにより克服できるように思われるかも知れない．そのような定義は，時計がまさに置かれている場所での時間を定義することにのみ用いられるのならば，実際それで十分である．しかしながら，別々の場所で生じた一連の事象を互いに時間的に関連づけようとする，あるいはそれと同じことであるが，時計から遠く離れた場所で生じた事象の時間を決定しようとするやいなやその定義はもはや満足なものではない．

確かにわれわれは，次のようにして諸事象の時間を決定することで満足できるかも知れない．すなわち，一人の観測者が時計とともに座標原点にいる；そして時間を定めるべき事象から発生し真空中 [13] を通って彼の所に到着する光の信号のそれぞれに，相応した時計の針の位置を対応させる．しかし，そのような対応による定義は，われわれが経験からわかるように，時計をもって時間を規定する観測者の位置に独立でないという不都合を生ずる．われわれは以下の考察により，はるかに実用的な規定を得る．

空間の1点Aに時計を一つ置く．そうすればAに位置する観測者はAの近傍における事象の時間の値を，この事象と同時刻の時計の針の位置を見出すことによって決めることができる．また空間の別の1点Bにも時計を一つ置く；そしてさらにわれわれは"その時計はAに置かれたものと正確に同じ性質である"ことを付け加えておき

たい．そうすれば，Bの近傍における事象の時間の値を決めることもBに位置する観測者により可能である．しかしながら，Aにおける事象をBにおける事象と時間的に比較することはさらに別の規定がなければ不可能である．われわれはこれまで，"Aの時間"と"Bの時間"を定義したのみでありAとB共通の"時間"は定義していない．共通の時間は，いまや定義によって次のように規定することで定義することができる．すなわち，光がAからBへ到達するまでに要する"時間"と，BからAへ到達するまでに要する"時間"は等しい．つまり，光線が"Aの時刻"のt_AにAからBへ向かって出発し，Bにおいて"Bの時刻"のt_BにAへ向かって反射され，"Aの時刻"のt'_Aに再びAにもどるとする．定義により，二つの時計はもし

$$t_B - t_A = t'_A - t_B \qquad (原\text{-}1)$$

であれば同調している．

われわれはこの同調の定義が無矛盾的であること，あるいはもっと正確にいうと，任意の多数の点に関し無矛盾的であることが可能であり，それゆえ次の関係が一般に成立するものと仮定する：

1. もしBにおける時計がAにおける時計と同調しているならば，Aにおける時計はBにおける時計と同調している．
2. もしAにおける時計がBにおける時計と同調し，同様にCにおける時計とも同調しているならば，B

における時計とCにおける時計もまた互いに同調している．

かくしてわれわれはある種の（思考的）物理実験によって異なった場所でそれぞれに静止している同調した時計というものの意味を規定し，それによりまぎれもなく"同時性"および"時間"の定義を得たのである．ある事象の起こる場所に静止して時計が置かれている；そしてその事象の"時刻"とはその事象と同時的なその時計の針の指示のことである．その時計は一つの特定の静止した時計，あるいはもっと正確にいうと，すべての時間測定に関し一つの特定の静止した時計と同調している．

経験にしたがい，われわれはさらに物理量

$$\frac{2\overline{AB}}{t'_A - t_A} = V \qquad (原\text{-}2)$$

を一つの普遍定数（真空中における光速度）であると規定する [14]．

本質的なことは，われわれは静止系における静止した時計により時間を定義したということである．このように定義された時間をわれわれは"静止系の時間"と名づける．なぜなら，それは静止した系に属しているからである．

§2. 長さと時間の相対性について

以下の考察は相対性原理と光速度不変性の原理に基づく．われわれはそれら二つの原理を次のように定義する．

1. 物理系の状態変化を支配する法則はこれら状態変化

が二つの互いに相対的に一様な並進運動をする座標系のどちらで記述されるかということとは独立である [**15**].
2. すべての光線は，それが静止物体から放出されたものかあるいは運動物体から放出されたものかに関わらず，常に一定の速度 V で"静止"座標系を伝播する [**16**]．ここで，

$$\text{速度} = \frac{\text{光の進んだ距離}}{\text{かかった時間}}, \tag{原-3}$$

であり，"かかった時間"は §1 における定義の意味に理解されるものとする．

静止した剛体の棒が与えられており，その長さは静止したものさしで測定した場合 l であるとする．ここでわれわれは，その棒の軸が静止座標系の X 軸に沿って置かれており，かつそれに加えその棒に X 軸に沿って x が増加する方向に一様な並進運動（速度 v）を与えると考えよう．われわれはここで，その運動している棒の長さを問う．そしてそれは，以下の二つの操作によって求めるものと考える：

a) 観測者は前述のものさしをもって測定すべき棒とともに運動し，測定すべき棒・観測者およびものさしが静止している場合とまったく同様にして，ものさしをあてることにより直接棒の長さを測定する．

b) 観測者は，静止系に置かれ §1 にしたがって同調された静止した時計を用いて，測定すべき棒の両端が特

定の時刻 t に静止系のどの点にあるかを調べる．すでに a) の場合に用いられたものさし——ただしここでは静止している——で測定されたこの 2 点の距離も同様に"棒の長さ"と呼ぶことのできる一つの長さである．

a) の操作によって得られる長さをわれわれは"運動系における棒の長さ"と呼ぶことにしたい．相対性原理によれば，その長さは静止している棒の長さ l と等しくなければならない．

b) の操作によって得られる長さをわれわれは"静止系における（運動している）棒の長さ"と呼ぶことにしたい．われわれはわれわれの二つの原理に基づいてその長さを規定し，それは l と異なることを見出すであろう [17]．

一般に用いられている運動学は上述の二つの操作によって規定された長さは正確に等しいことを，あるいは別のいい方をすれば，時刻 t において運動している剛体は同一の剛体——たとえそれが特定の位置に静止したものであっても——によって幾何学的には完全に表現され得るということを暗黙のうちに仮定している．

われわれはさらに，棒の両端（A と B）に時計が置かれていると考える [18]．その時計は静止系の時計と同調している——すなわち，その時計の指示は各瞬間においてその時計がちょうど置かれている場所における"静止系の時間"と対応している；したがってその二つの時計は"静止系では同調している"ものとする．

われわれはさらに、その二つの時計のところにそれとともに運動している観測者がおり、それら観測者は§1で定めた同調法に関する規準を二つの時計に適用するものと考える．時刻[1] t_A において光線がAから出発し，時刻 t_B でBにおいて反射され，時刻 t'_A においてAにもどってくる．光速度不変性の原理を考慮することにより，われわれは次の式を見出す：

$$t_B - t_A = \frac{r_{AB}}{V-v} \tag{原-4}$$

および

$$t'_A - t_B = \frac{r_{AB}}{V+v}, \tag{原-5}$$

ここで r_{AB} は静止系で測定した運動している棒の長さを意味する．運動している棒とともに運動している観測者は，かくして二つの時計は同調していないことを見出すであろう．一方，静止系にいる観測者は二つの時計は同調しているものと解釈するであろう．

かくしてわれわれは同時性の概念には何ら絶対的な意味を帰すことができないこと，あるいは一つの座標系から観察すれば同時的である二つの事象も，その系に対して運動している系から観察すればもはや同時的な事象とは解釈され得ないことをみた．

---

1) ここにおける"時刻"とは"静止系における時刻"とともに"考察している場所に置かれている運動している時計の針の位置"を意味する．

§3. 静止系からそれに対して一様な並進運動をしている 系への座標と時間の変換の理論

"静止した"空間に二つの座標系，すなわちそれぞれ1点から出ている三つの互いに垂直な剛体の直線からなる二つの系が与えられているとする [19]．二つの系のX軸は一致し，Y軸とZ軸は平行の関係にあるものとする．各系には剛体のものさしが一つといくつかの時計が備えられており，二つのものさしと同様二つの系のすべての時計は互いに正確に同じものであると考える．

ここで，二つの系のうちの一つ (k) の原点に（一定の）速度 v を与える．それは他の静止した系 (K) の x が増加する方向とし，また座標軸・当のものさしならびに時計にも伝達されるものとする．このとき静止系Kの各瞬間 t には運動系の軸の特定の位置が対応し，われわれは対称性を根拠として次のように仮定することができる．すなわち，kの運動によっても時刻 t における運動系の軸と静止系の軸とは平行の状態にあることができる（"t" により常に静止系の時間を示す）．

われわれはここで空間を，静止系Kから静止しているものさしを用いて測定することおよび同様に運動系kから運動しているものさしを用いて測定することを考える．これにより，それぞれ座標系 x, y, z および ξ, η, ζ [20] を求める．さらに，静止系に置かれている静止した時計を用い§1で報告した方法で，静止系の時間は光信号により

時計が置かれている静止系のすべての点に関し規定される．同様に，運動系の時間 τ は，時計が置かれている点の間の光の信号に関して §1 で挙げた方法を使用することにより，この系に対して静止している時計の置かれているすべての運動系の点に関し規定される．

静止系における一つの事象の場所と時間を完全に規定する値の組 x, y, z, t のすべてには，系 k に関してその事象を規定する値の組 ξ, η, ζ, τ が従属する [21]．いまやこれらの量を結びつける方程式の組を見出すことがわれわれの課題である．

それらの方程式は，われわれが空間と時間に想定している同質性の特質によれば，一次でなければならないことはまず明らかである [22]．

われわれは，$x' = x - vt$ とおく [23]．そうすれば，系 k に静止している一つの点に時間に依存しない特定の値の組 x', y, z が対応することは明らかである．われわれはまず τ を x', y, z および t の関数として規定する [24]．この目的に対しわれわれは τ が，§1 で与えられた規則にしたがって同調されている，系 k に静止した時計の指示を総括したものに他ならぬということを方程式で表現しなければならない．

系 k の原点から時刻 τ_0 に光線が X 軸に沿って x' へ送られ，そこで時刻 τ_1 に座標原点へ向かって反射され原点へ時刻 τ_2 に到着する；そうすれば次の式が成立しなければならない：

§3. 静止系からそれに対して一様な並進運動をしている…

$$\frac{1}{2}(\tau_0 + \tau_2) = \tau_1 \tag{原-6}$$

あるいは，そこで関数 τ の変数を書き加え静止系における光速度不変性の原理を適用すれば：

$$\frac{1}{2}\left[\tau(0,0,0,t) + \tau\left(0,0,0,\left\{t + \frac{x'}{V-v} + \frac{x'}{V+v}\right\}\right)\right]$$
$$= \tau\left(x', 0, 0, t + \frac{x'}{V-v}\right). \tag{原-7}$$

これより x' を微小量に選ぶと：

$$\frac{1}{2}\left(\frac{1}{V-v} + \frac{1}{V+v}\right)\frac{\partial\tau}{\partial t} = \frac{\partial\tau}{\partial x'} + \frac{1}{V-v}\frac{\partial\tau}{\partial t}, \tag{原-8}$$

あるいは

$$\frac{\partial\tau}{\partial x'} + \frac{v}{V^2 - v^2}\frac{\partial\tau}{\partial t} = 0. \tag{原-9}$$

われわれは，座標原点の代わりに，他のいかなる点でも光線の出発点として選ぶことができるということ，それゆえ得られた方程式はまさしく x', y, z のすべての値に関して成立するということに注意すべきである．

HおよびZ軸*に関して同様な考察を適用し [**25**]，静

---

*訳者脚注1〕 系 k の三つの座標軸を原著者は Ξ, H, Z と呼んでいる．これはすべてギリシア文字であり Ξ は ξ 〔グザイ〕，H は（エイチではなく）η 〔イータ〕，Z は（ゼッドではなく）ζ 〔ゼータ〕のそれぞれ大文字である（〔　〕内の読み方はイギリス語風に統一した）．系 k の座標軸名に関し原著者は明記して使用しているわけではないので注意すること．なお，Ξ, H, Z はそれぞれ系 K の座標軸の名称 X, Y, Z に対応している．

止系からみてこれらの軸に沿って光は常に $\sqrt{V^2-v^2}$ の速度で伝播することに気をつければ

$$\frac{\partial \tau}{\partial y} = 0 \qquad \text{(原-10)}$$

$$\frac{\partial \tau}{\partial z} = 0. \qquad \text{(原-11)}$$

τ は一次の関数であるから,これらの方程式から次式を得る [26]:

$$\tau = a\left(t - \frac{v}{V^2 - v^2} x'\right), \qquad \text{(原-12)}$$

ここで a はさしあたり未知の関数 $\varphi(v)$ [27] である.また,簡単のため k の原点において $\tau=0$ のとき $t=0$ であると仮定した.

この結果を援用し,また光は(光速度不変性の原理が相対性原理と組み合わさって要求するように)運動系で測定しても速度 V で伝播することを方程式で表現すれば,ξ, η, ζ の諸量を決定することは容易である [28]. 時刻 $\tau=0$ において ξ の増加する方向へ放出された光線に関して次式が成立する:

$$\xi = V\tau, \qquad \text{(原-13)}$$

あるいは

$$\xi = aV\left(t - \frac{v}{V^2 - v^2} x'\right). \qquad \text{(原-14)}$$

一方,ここで光線は k の原点に対しては,静止系で測定すると,$V-v$ の速度で運動する.したがって次式が成立

する：

$$\frac{x'}{V-v} = t. \tag{原-15}$$

この t の値を ξ に関する方程式に代入し，われわれは次式を得る：

$$\xi = a\frac{V^2}{V^2-v^2}x'. \tag{原-16}$$

同様にして他の二つの軸に沿って運動する光線を考察することによりわれわれは次式を得る：

$$\eta = V\tau = aV\left(t - \frac{v}{V^2-v^2}x'\right), \tag{原-17}$$

ここで

$$\frac{y}{\sqrt{V^2-v^2}} = t\ ;\ x' = 0\ ; \tag{原-18}$$

したがって

$$\eta = a\frac{V}{\sqrt{V^2-v^2}}y \tag{原-19}$$

そして

$$\zeta = a\frac{V}{\sqrt{V^2-v^2}}z. \tag{原-20}$$

x' についてその値を代入するとわれわれは

$$\tau = \varphi(v)\beta\left(t - \frac{v}{V^2}x\right), \qquad \text{(原-21)}$$

$$\xi = \varphi(v)\beta(x - vt), \qquad \text{(原-22)}$$

$$\eta = \varphi(v)y, \qquad \text{(原-23)}$$

$$\zeta = \varphi(v)z, \qquad \text{(原-24)}$$

を得る．ここで，

$$\beta = \frac{1}{\sqrt{1 - \left(\dfrac{v}{V}\right)^2}} \qquad \text{(原-25)}$$

また，φ はさしあたって v についての未知の関数である．運動系の初期位置および τ の零点に関して何も仮定していなかったとすれば，これらの方程式の右辺にそれぞれ一つの付加的な定数を添えることになる．

ここでわれわれは，すでに仮定したように，静止系において光線が速度 V で伝播するならば運動系で測定しても同様であることを証明しなければならない [**29**]；というのは，われわれはまだ光速度不変性の原理が相対性原理と両立するということの証拠を示していないからである．

時刻 $t = \tau = 0$ に二つの系の座標原点が一致しており，そこから球面波が系 K において速度 V で広がっていくとする．このとき (x, y, z) をこの波がちょうどとどいた点であるとすれば，

$$x^2 + y^2 + z^2 = V^2 t^2. \qquad \text{(原-26)}$$

われわれの変換方程式を援用してこの方程式を変換すれば，簡単な計算の結果次式を得る：

$$\xi^2+\eta^2+\zeta^2 = V^2\tau^2. \qquad \text{(原-27)}$$

このように，観測された波は運動系においても伝播速度 V の球面波である．これにより，われわれの二つの基本原理は互いに両立することが示される．

導出された変換方程式においてはまだ v に関する一つの未知の関数 φ が現れている．われわれはここでそれを規定したい [**30**]．

この目的のためにわれわれはさらに三番目の座標系 K′ を導入する．それは系 k に関して，Ξ 軸に平行な並進運動をしておりかつその座標原点が Ξ 軸上を $-v$ の速度で動いているものとする．時刻 $t=0$ で三つの座標原点のすべてが一致しておりかつ $t=x=y=z=0$ において系 K′ の時刻 t' はちょうど零だったとしよう．われわれは x', y', z' を系 K′ で計った座標と呼び，われわれの変換方程式を二度使用することによって次式を得る：

$$t' = \varphi(-v)\beta(-v)\left\{\tau+\frac{v}{V^2}\xi\right\} = \varphi(v)\varphi(-v)t, \quad \text{(原-28)}$$

$$x' = \varphi(-v)\beta(-v)\{\xi+v\tau\} \qquad = \varphi(v)\varphi(-v)x, \quad \text{(原-29)}$$

$$y' = \varphi(-v)\eta \qquad\qquad\qquad\quad = \varphi(v)\varphi(-v)y, \quad \text{(原-30)}$$

$$z' = \varphi(-v)\zeta \qquad\qquad\qquad\quad = \varphi(v)\varphi(-v)z. \quad \text{(原-31)}$$

x', y', z' と x, y, z の関係は時間 t を含まないので系 K と K′ は相互に静止している．また，K から K′ への変換は恒等変換 [**31**] でなければならないことは明らかである．したがって，

$$\varphi(v)\varphi(-v) = 1. \qquad \text{(原-32)}$$

われわれはここで $\varphi(v)$ の意味を問う．われわれは $\xi=0, \eta=0, \zeta=0$ と $\xi=0, \eta=l, \zeta=0$ の間にある系 k の H 軸の部分に注目する．H 軸のこの部分は，系 K に対し自己の軸に垂直な速度 v の運動をしている棒であり，K におけるその両端の座標は

$$x_1 = vt, \ y_1 = \frac{l}{\varphi(v)}, \ z_1 = 0 \qquad \text{(原-33)}$$

および

$$x_2 = vt, \ y_2 = 0, \ z_2 = 0. \qquad \text{(原-34)}$$

したがって K で測定したこの棒の長さは $l/\varphi(v)$ であり，これにより関数 φ の意味が与えられる．静止系で見た場合，その特定の棒は軸に垂直に運動しかつその長さはその速度にだけは依存するかも知れないがその進路および方向には依存しないということは，対称性の理由からいまや明白である．したがって，静止系で測定した運動している棒の長さは v を $-v$ で置き換えても不変である．これより次式が導出される：

$$\frac{l}{\varphi(v)} = \frac{l}{\varphi(-v)}, \qquad \text{(原-35)}$$

あるいは

$$\varphi(v) = \varphi(-v). \qquad \text{(原-36)}$$

これおよび先ほど見出した関係より，$\varphi(v)=1$ でなければならないことが導出される．したがって，見出された変換方程式は次式へと変わる [**32**]：

$$\tau = \beta \left(t - \frac{v}{V^2}x\right), \tag{原-37}$$

$$\xi = \beta(x - vt), \tag{原-38}$$

$$\eta = y, \tag{原-39}$$

$$\zeta = z, \tag{原-40}$$

ここで

$$\beta = \frac{1}{\sqrt{1-\left(\dfrac{v}{V}\right)^2}} \ [\mathbf{33}], * \tag{原-41}$$

(903)
§4. 得られた方程式の物理的意味,
運動している剛体と運動している時計に関して

われわれは半径 R の剛体の球[1]を観察する．それは系 k に対して静止しておりその中心は k の座標原点にあるものとする．系 K に関して速度 v で運動しているこの球の表面の方程式は

$$\xi^2 + \eta^2 + \zeta^2 = R^2. \tag{原-42}$$

この表面の方程式は時刻 $t = 0$ のとき x, y, z により次のように表現される [**34**]：

$$\frac{x^2}{\left(\sqrt{1-\left(\dfrac{v}{V}\right)^2}\right)^2} + y^2 + z^2 = R^2. \tag{原-43}$$

---

*訳者脚注2〕 これはピリオド"."の誤植と思われる．
1) 静止させて調べれば球の形態をもつ剛体を意味する．

したがって静止した状態で測定すると球の形態をもつ剛体は運動している状態として，すなわち静止系から観察すると回転楕円体の形態をもち，その軸は

$$R\sqrt{1-\left(\frac{v}{V}\right)^2}, R, R. \qquad (原\text{-}44)$$

したがって，球（あるいはまた任意の形態のすべての剛体）のY-およびZ-方向の寸法は運動によって変化するようには見えないが，X-方向の寸法は $1:\sqrt{1-(v/V)^2}$ の比で短縮するように見える[**35**]．v が大きいほどそれは顕著である．$v=V$ においてはすべての運動物体は，"静止"系から観察して，平面の姿に収縮してしまう．超光速度はわれわれの考察においては無意味となる．われわれはさらに，以下の考察において，光速度はわれわれの理論では物理的に速度の上限の役割を果たすことを見出すであろう．

"静止"系において静止している物体を一様な運動をしている系から観察しても同じ結果が得られることは明らかである．

われわれはさらに，静止系に対して静止していれば時間 t，運動系に対して静止していれば時間 τ を示すような時計が k の座標原点に置かれ時間 τ を示すように調整されていると考える．静止系からみた場合のこの時計の進み具合はどうであろうか？

この時計が置かれている場所に関係する x, t および τ という量の間には明らかに次の方程式が成立する[**36**]：

$$\tau = \frac{1}{\sqrt{1-\left(\frac{v}{V}\right)^2}}\left(t - \frac{v}{V^2}x\right) \qquad \text{(原-45)}$$

および

$$x = vt. \qquad \text{(原-46)}$$

したがって,

$$\tau = t\sqrt{1-\left(\frac{v}{V}\right)^2} = t - \left(1 - \sqrt{1-\left(\frac{v}{V}\right)^2}\right)t, \qquad \text{(原-47)}$$

であり [**37**], ここから(静止系で測定した) 時計の指示は1秒当たり $(1-\sqrt{1-(v/V)^2})$ 秒, あるいは4次およびそれより高次の項を除けば $(v/V)^2/2$ 秒だけ遅れるということが導出される [**38**].

これから, 次に記述する独特の結論が生ずる. KのAとBの2点に静止した, 静止系から観察して同調している時計がある. そして, Aにある時計を速度 v でBに向かってまっすぐ動かす. すると, この時計がBに到着したとき, 二つの時計はもはや同調していない. AからBへ動いた時計は初めからBに置かれていたものに対して(4次およびそれより高次の項を除けば) $(tv^2/V^2)/2$ 秒だけ遅れている. ここで t は時計がAからBまでに要した時間である.

この結果はまた, 時計が任意の折れ線に沿ってAからBへ動いたときでも, さらには点AとBが一致したときでもなお成立することはただちに明らかである [**39**].

折れ線に関して証明された結果が連続曲線に関しても

成立すると仮定すれば次の命題を得る．二つの同調した時計が A に置かれており，そのうちの一つを閉曲線に沿って A に再びもどるまでに一定の速度で動かしそれにかかった時間を t とすると，その時計は A に到着したとき，動かずに止まっていた時計に対し，$t(v/V)^2/2$ 秒遅れている．これより，赤道上に置かれた平衡輪時計は，正確に同一の性質をもち地極の一つに置かれているということを除いては同一の条件下にある時計に対し，ごくわずかではあるが遅れるということが推論される [**40**]．

§5. 速度の加法定理 [**41**]

系 K の X 軸に沿って速度 v で運動する系 k において，ある点が次の方程式にしたがい運動する：

$$\xi = w_\xi \tau, \qquad (原\text{-}48)$$
$$\eta = w_\eta \tau, \qquad (原\text{-}49)$$
$$\zeta = 0, \qquad (原\text{-}50)$$

ここで w_ξ と w_η は定数を意味する．

この点の系 K に対する運動を求める．この点の運動方程式に，§3 で展開した変換方程式を援用し，量 x, y, z を導入する．そうすれば次式を得る：

$$x = \frac{w_\xi + v}{1 + \dfrac{v w_\xi}{V^2}} t, \qquad (原\text{-}51)$$

$$y = \frac{\sqrt{1-\left(\dfrac{v}{V}\right)^2}}{1+\dfrac{vw_\xi}{V^2}} w_\eta t, \qquad \text{(原-52)}$$

$$z = 0. \qquad \text{(原-53)}$$

したがって速度の平行四辺形の法則 [**42**] は，われわれの理論によれば，一次近似においてのみ成立する．われわれは次のようにおく：

$$U^2 = \left(\frac{dx}{dt}\right)^2 + \left(\frac{dy}{dt}\right)^2, \qquad \text{(原-54)}$$

$$w^2 = w_\xi{}^2 + w_\eta{}^2 \qquad \text{(原-55)}$$

および

$$\alpha = \operatorname{arctg}\frac{w_y}{w_x} \; ; \; * \qquad \text{(原-56)}$$

(906)
ここで α は速度 v と w の間の角とみなす [**43**]．簡単な計算により次式を得る：

$$U = \frac{\sqrt{(v^2+w^2+2vw\cos\alpha) - \left(\dfrac{vw\sin\alpha}{V}\right)^2}}{1+\dfrac{vw\cos\alpha}{V^2}}. \qquad \text{(原-57)}$$

合成された速度に関する表現において v と w が対称的 [**44**] な形で入りこんでいることは注目に値する．w

---

*訳者脚注 3〕 この式は $\alpha = \operatorname{arctg}(w_\eta/w_\xi)$ の誤植と思われる．またここで，"arctg" は "arctan" あるいは "tan^{-1}" とも書かれる演算子（逆正接あるいは逆タンジェント）である．

もまた X 軸（Ξ軸）の方向とすればわれわれは次式を得る：

$$U = \frac{v+w}{1+\dfrac{vw}{V^2}}. \qquad \text{(原-58)}$$

この方程式から，V よりも小さい二つの速度の合成からは常に V よりも小さな速度が得られることが導かれる．すなわち，$v=V-\kappa, w=V-\lambda$ とし，ここで κ と λ は正で V よりも小さいとおくと：

$$U = V\frac{2V-\kappa-\lambda}{2V-\kappa-\lambda+\dfrac{\kappa\lambda}{V}} < V\,[\mathbf{45}]. \qquad \text{(原-59)}$$

さらに，光速度 V を "光速度以下の速度" と合成しても不変であることが導かれる．この場合は次式を得る [**46**]：

$$U = \frac{V+w}{1+\dfrac{w}{V}} = V. \qquad \text{(原-60)}$$

v と w が同じ方向である場合については，U に関する公式はまた§3にしたがった2回の変換の合成より得ることができる [**47**]．§3に現れた系 K と k に加え，さらに k に対して並進運動をしている第三の座標系 k′ を導入する．そしてその原点は Ξ 軸上を速度 w で運動しているとする．そうすればわれわれは量 x, y, z, t およびそれに対応した k′ の量の間の方程式を得る．それは，§3で見出し

た式と，"v"の代わりに量

$$\frac{v+w}{1+\dfrac{vw}{V^2}} \tag{原-61}$$

(907)
が入ってくるという点のみを除けば一致する．このことからそのような平行変換 [**48**] は，当然要求されるように，一つの群 [**49**] をつくることがわかる．

われわれはここで，われわれの二つの原理に対応する運動学の不可欠な法則を導出した．われわれは次にその電気力学における応用を示すことに向かう．

II. 電気力学の部

§6. 真空に関するマクスウェル – ヘルツ方程式の変換．磁場中での運動で生ずる起電力の本性について

真空に関するマクスウェル – ヘルツ方程式が静止系 K に対して成立するものとする [**50**]．そうすれば次式が成立する：

$$\frac{1}{V}\frac{\partial X}{\partial t} = \frac{\partial N}{\partial y} - \frac{\partial M}{\partial z}, \quad \frac{1}{V}\frac{\partial L}{\partial t} = \frac{\partial Y}{\partial z} - \frac{\partial Z}{\partial y},$$
(原-62) (原-65)

$$\frac{1}{V}\frac{\partial Y}{\partial t} = \frac{\partial L}{\partial z} - \frac{\partial N}{\partial x}, \quad \frac{1}{V}\frac{\partial M}{\partial t} = \frac{\partial Z}{\partial x} - \frac{\partial X}{\partial z},$$
(原-63) (原-66)

$$\frac{1}{V}\frac{\partial Z}{\partial t} = \frac{\partial M}{\partial x} - \frac{\partial L}{\partial y}, \quad \frac{1}{V}\frac{\partial N}{\partial t} = \frac{\partial X}{\partial y} - \frac{\partial Y}{\partial x},$$

(原-64)(原-67)

ここで (X, Y, Z) は電気力,(L, M, N) は磁気力のベクトルを意味する.

これらの方程式に§3で展開した変換を適用し,そこで導入された速度 v で運動している座標系に電磁気的過程を関係づける [**51**].そうすればわれわれは次式を得る:

$$\frac{1}{V}\frac{\partial X}{\partial \tau} = \frac{\partial \beta\left(N - \frac{v}{V}Y\right)}{\partial \eta} - \frac{\partial \beta\left(M + \frac{v}{V}Z\right)}{\partial \zeta}, \quad \text{(原-68)}$$

$$\frac{1}{V}\frac{\partial \beta\left(Y - \frac{v}{V}N\right)}{\partial \tau} = \frac{\partial L}{\partial \zeta} - \frac{\partial \beta\left(N - \frac{v}{V}Y\right)}{\partial \xi}, \quad \text{(原-69)}$$

$$\frac{1}{V}\frac{\partial \beta\left(Z + \frac{v}{V}M\right)}{\partial \tau} = \frac{\partial \beta\left(M + \frac{v}{V}Z\right)}{\partial \xi} - \frac{\partial L}{\partial \eta}, \quad \text{(原-70)}$$

$$\frac{1}{V}\frac{\partial L}{\partial \tau} = \frac{\partial \beta\left(Y - \frac{v}{V}N\right)}{\partial \zeta} - \frac{\partial \beta\left(Z + \frac{v}{V}M\right)}{\partial \eta}, \quad \text{(原-71)}$$

(908)

$$\frac{1}{V}\frac{\partial \beta\left(M + \frac{v}{V}Z\right)}{\partial \tau} = \frac{\partial \beta\left(Z + \frac{v}{V}M\right)}{\partial \xi} - \frac{\partial X}{\partial \zeta}, \quad \text{(原-72)}$$

$$\frac{1}{V}\frac{\partial \beta\left(N - \frac{v}{V}Y\right)}{\partial \tau} = \frac{\partial X}{\partial \eta} - \frac{\partial \beta\left(Y - \frac{v}{V}N\right)}{\partial \xi}, \quad \text{(原-73)}$$

ただし,

$$\beta = \frac{1}{\sqrt{1-\left(\dfrac{v}{V}\right)^2}}\,[\mathbf{52}]. \qquad (\text{原-74})$$

ここで，相対性原理は真空に関するマクスウェル–ヘルツ方程式が系 K において成立するならば系 k においても成立すること，すなわち運動系 k においてそれぞれ電気的質量および磁気的質量に及ぼす起動力 [**53**] の作用で定義される運動系 k の電気力および磁気力のベクトル $((X', Y', Z')$ および $(L', M', N'))$ に関して次式が成立することを要求する：

$$\frac{1}{V}\frac{\partial X'}{\partial \tau} = \frac{\partial N'}{\partial \eta} - \frac{\partial M'}{\partial \zeta}, \quad \frac{1}{V}\frac{\partial L'}{\partial \tau} = \frac{\partial Y'}{\partial \zeta} - \frac{\partial Z'}{\partial \eta},$$
(原-75) (原-78)

$$\frac{1}{V}\frac{\partial Y'}{\partial \tau} = \frac{\partial L'}{\partial \zeta} - \frac{\partial N'}{\partial \xi}, \quad \frac{1}{V}\frac{\partial M'}{\partial \tau} = \frac{\partial Z'}{\partial \xi} - \frac{\partial X'}{\partial \zeta},$$
(原-76) (原-79)

$$\frac{1}{V}\frac{\partial Z'}{\partial \tau} = \frac{\partial M'}{\partial \xi} - \frac{\partial L'}{\partial \eta}, \quad \frac{1}{V}\frac{\partial N'}{\partial \tau} = \frac{\partial X'}{\partial \eta} - \frac{\partial Y'}{\partial \xi}.$$
(原-77) (原-80)

ここで，系 k に関して見出された二つの方程式の組 [**54**] は，明らかに，正確に同一の事柄を表現していなければならない．というのは，二つの方程式の組は系 K に関するマクスウェル–ヘルツ方程式と等価であるからである．さらに，二つの系の方程式はベクトルを表す記号を除いては一致するので方程式の組において対応する場所に現れる関

数は，一つの方程式の組に共通で ξ, η, ζ および τ には依存せず事情によっては v には依存する一つの因子 $\Psi(v)$ を除いては，一致しなければならない．したがって以下の関係が成立する：

$$X' = \Psi(v)X, \qquad L' = \Psi(v)L,$$

(原-81) (原-84)

$$Y' = \Psi(v)\beta\left(Y - \frac{v}{V}N\right), M' = \Psi(v)\beta\left(M + \frac{v}{V}Z\right),$$

(原-82) (原-85)

$$Z' = \Psi(v)\beta\left(Z + \frac{v}{V}M\right), N' = \Psi(v)\beta\left(N - \frac{v}{V}Y\right).$$

(原-83) (原-86)

(909)
ここでこの方程式の逆をつくる [**55**]．一つはいま得られた方程式を解くことによって，もう一つは速度 $-v$ で特徴づけられる（k から K への）逆変換へこの方程式を適用することによる．そのようにして得られた二つの方程式の組は同一でなければならないことを考慮すれば次式が導出される：

$$\varphi(v) \cdot \varphi(-v) = 1. *\qquad\text{(原-87)}$$

さらに対称性を根拠として[1] [**56**]

---

*訳者脚注4〕 本式を含め，以下三つの式における φ は Ψ の誤植である．

1) もし，たとえば，$X = Y = Z = L = M = 0$ かつ $N \neq 0$ であれば，v の数値を変えずに符号を変えたときに Y' もまた数値を変えずに符号を変えなければならないことは，対称性を根拠として，明白である．

$$\varphi(v) = \varphi(-v); \qquad (原\text{-}88)$$

かくして

$$\varphi(v) = 1, \qquad (原\text{-}89)$$

そしてわれわれの方程式は次の形をとる：

$$X' = X, \qquad L' = L, \qquad (原\text{-}90)\,(原\text{-}93)$$

$$Y' = \beta\left(Y - \frac{v}{V}N\right), \quad M' = \beta\left(M + \frac{v}{V}Z\right),$$
$$(原\text{-}91)\,(原\text{-}94)$$

$$Z' = \beta\left(Z + \frac{v}{V}M\right), \quad N' = \beta\left(N - \frac{v}{V}Y\right).$$
$$(原\text{-}92)\,(原\text{-}95)$$

この方程式の解釈にあたってわれわれは次のことを注意する [**57**]．点電荷が存在し，その電荷は静止系Kで測定して"1"の大きさ，すなわち静止系において静止している場合距離1 cmのところにある同じ点電荷に1 dyn [**58**] の力を及ぼすとする．相対性原理によれば，この電荷量は運動系で測定してもまた"1"の大きさである．この電荷が静止系に対して静止していれば定義にしたがいベクトル (X, Y, Z) はそれに作用する力に等しい．その電荷が運動系に対して（少なくとも必要な瞬間に）静止していれば，運動系で測定したそれに作用する力はベクトル (X', Y', Z') に等しい．したがって前記の方程式の最初の三つは次の二種の仕方で表現することができる：

1. 一つの点状の単位電荷が，ある電磁場中で運動すればそれに対し電気力の他に一つの"起電力"が作用す

る．それは v/V の 2 乗およびそれより高次のベキが乗じられた項を無視すると，その単位電荷の運動速度と磁気力のベクトル積を光速度で除したものに等しい．(古い表現の仕方．)
2. 一つの点状の単位電荷が，ある電磁場中で運動すればそれに対して作用する力はその単位電荷の存在する場所における電気力に等しく，それは場を単位電荷に対して静止している座標系へ変換することによって得られる．(新しい表現の仕方．)

同様のことは"起磁力"についても成立する．ここに展開された理論において起電力は単に補助的概念の役割を果たしているのみであることがわかる．それが導入されるのは電気力および磁気力は座標系の運動状態に独立な存在ではないという事情によるのである．

さらに，導入部分 [59] で挙げた磁石と導体の相対運動によって生ずる電流の考察における非対称が消え去ってしまうことは明らかである．また，電気力学的起電力の"位置"の問題 (単極装置 [60]) も空虚となる．

§7. ドップラー原理*と光行差の理論

系 K において座標原点からきわめて遠方に一つの電気力学的波源があり，その波は座標原点を含む空間の部分

---

*訳者脚注 5] "Das Doppelersche Prinzip"：ドップラー効果 (Doppler-Effekt) のことである．ここにおける "Doppelersche" はドイツ語の「正書法」(Rechtschreibung)

において十分な近似で次の方程式により表現されるとする [**61**]：

$$X = X_0 \sin \Phi, \quad L = L_0 \sin \Phi, \qquad \text{(原-96)} \quad \text{(原-99)}$$

$$Y = Y_0 \sin \Phi, \quad M = M_0 \sin \Phi, \qquad \text{(原-97)} \quad \text{(原-100)}$$

$$Z = Z_0 \sin \Phi, \quad N = N_0 \sin \Phi, \qquad \text{(原-98)} \quad \text{(原-101)}$$

$$\Phi = \omega \left(t - \frac{ax + by + cz}{V} \right). \qquad \text{(原-102)}$$

ここで (X_0, Y_0, Z_0) および (L_0, M_0, N_0) は連なった波の振幅を規定するベクトルであり，a, b, c は波の法線 [**62**] の方向余弦である．

われわれは運動系 k に静止している観測者によって調べられたこの波の状態を問う．§6で見出された電気力および磁気力の変換方程式ならびに§3で見出された座標と時間の変換方程式を用い，われわれはただちに次式を得る [**63**]：

$$X' = X_0 \sin \Phi', \qquad \text{(原-103)}$$

$$Y' = \beta \left(Y_0 - \frac{v}{V} N_0 \right) \sin \Phi', \qquad \text{(原-104)}$$

$$Z' = \beta \left(Z_0 + \frac{v}{V} M_0 \right) \sin \Phi', \qquad \text{(原-105)}$$

$$L' = L_0 \sin \Phi', \qquad \text{(原-106)}$$

にしたがえば "Dopplersche" とすべきところであるが，"Doppler"（人名）という単語の原型（Doppel+er）と，もう一箇所でも同じ綴りが用いられていることとを考慮すると，これは原著者の好みの書き方あるいは癖と思われる．

$$M' = \beta\left(M_0 + \frac{v}{V}Z_0\right)\sin\Phi', \qquad \text{(原-107)}$$

$$N' = \beta\left(N_0 - \frac{v}{V}Y_0\right)\sin\Phi', \qquad \text{(原-108)}$$

$$\Phi' = \omega'\left(\tau - \frac{a'\xi + b'\eta + c'\zeta}{V}\right), \qquad \text{(原-109)}$$

ここで,

$$\omega' = \omega\beta\left(1 - a\frac{v}{V}\right), \qquad \text{(原-110)}$$

$$a' = \frac{a - \dfrac{v}{V}}{1 - a\dfrac{v}{V}}, \qquad \text{(原-111)}$$

$$b' = \frac{b}{\beta\left(1 - a\dfrac{v}{V}\right)}, \qquad \text{(原-112)}$$

$$c' = \frac{c}{\beta\left(1 - a\dfrac{v}{V}\right)} \qquad \text{(原-113)}$$

とおいた.

ω' に関する方程式から次のことが導かれる [64]：観測者が振動数 ν の無限遠方の光源に対し速度 v で運動し, そのとき "光源 - 観測者" の結合線 [65] は光源に対し静止している座標系に関する観測者の速度と角度 φ をなすとすれば, 観測者の感知する光の振動数 ν' は次の方程式により与えられる：

§7. ドップラー原理と光行差の理論

$$\nu' = \nu \frac{1 - \cos\varphi \dfrac{v}{V}}{\sqrt{1 - \left(\dfrac{v}{V}\right)^2}}. \tag{原-114}$$

(912)
これは任意の速度に関するドップラー原理である．$\varphi = 0$ については，方程式は次のわかりやすい形をとる：

$$\nu' = \nu \sqrt{\frac{1 - \dfrac{v}{V}}{1 + \dfrac{v}{V}}}. \tag{原-115}$$

通常理解されているところとは対照的に $v = -\infty$ * のとき $\nu = \infty$ であることがわかる．

φ' を運動系における波の法線（光線の方向）と"光源 - 観測者"の結合線との間の角度とすると**，a' に関する方程式は次の形をとる [**66**]：

$$\cos\varphi' = \frac{\cos\varphi - \dfrac{v}{V}}{1 - \dfrac{v}{V}\cos\varphi}. \tag{原-116}$$

＊訳者脚注6] これは $v = -V$ の誤植と思われる．
＊＊訳者脚注7] この φ' の定義では以下の記述は理解できない．またプライム（ダッシュ）のついていない φ との関係も複雑になってしまう．これは次のように定義すべきと思われる：φ' は運動系における波の法線（光線の方向）[すなわち運動系からみた"光源 - 観測者"の結合線] と光源に対して静止している座標系に関する観測者の速度とのなす角度である．簡単に表現すれば，φ は静止系からみた波の法線と X 軸 (Ξ 軸) とのなす角，φ' は運動系からみたそれである．

この方程式は光行差の法則をその最も一般的な形で表現する．$\varphi = \pi/2$ とすれば，この方程式は次の単純な形態をとる：

$$\cos \varphi' = -\frac{v}{V}. \qquad (原\text{-}117)$$

われわれはここでさらに運動系からみた波の振幅を求めなければならない [**67**]．A および A' をそれぞれ静止系および運動系で測定した電気力あるいは磁気力の振幅とすると次式を得る：

$$A'^2 = A^2 \frac{\left(1 - \dfrac{v}{V} \cos \varphi\right)^2}{1 - \left(\dfrac{v}{V}\right)^2}, \qquad (原\text{-}118)$$

ここで $\varphi = 0$ に関し方程式は次の単純なものに変わる：

$$A'^2 = A^2 \frac{1 - \dfrac{v}{V}}{1 + \dfrac{v}{V}}. \qquad (原\text{-}119)$$

上に展開した方程式から次のことが導出される．すなわち，速度 V で光源に近づく観測者にはこの光源は無限の強度に見えるはずである．

§8. 光線のエネルギーの変換．
完全な鏡の上に及ぼされる輻射圧の理論 [**68**]

$A^2/8\pi$ は単位体積当たりの光のエネルギーに等しいからわれわれは相対性原理により $A'^2/8\pi$ を運動系において

観察されるはずの光のエネルギーとして得る．したがって，仮りにKで測定した光線の束の体積とkで測定した体積が等しいのであれば A'^2/A^2 は特定の光線の束の"運動系で測定された"エネルギーと"静止系で測定された"エネルギーの比である．しかしながらその前提は成立しない．a,b,c を静止系における光の法線の方向余弦とするならば，光速度で動いている球体表面

$$(x-Vat)^2+(y-Vbt)^2+(z-Vct)^2 = R^2 \qquad \text{(原-120)}$$

の面素を通過するエネルギーは存在しない．したがってわれわれはこの表面は同一の光線の束を含み続けるということができる．われわれは系kから観察したときにこの表面が含むエネルギー量，すなわち系kに関する光線の束のエネルギーを問う．

この球体表面は運動系から観察すると一つの楕円体面であり，それは $\tau=0$ のとき次の方程式をもつ：

$$\left(\beta\xi-a\beta\frac{v}{V}\xi\right)^2+\left(\eta-b\beta\frac{v}{V}\xi\right)^2+\left(\zeta-c\beta\frac{v}{V}\xi\right)^2 = R^2.$$

(原-121)

S を球体の体積，S' をこの楕円体の体積とすると，単純な計算［**69**］が示すように：

$$\frac{S'}{S} = \frac{\sqrt{1-\left(\dfrac{v}{V}\right)^2}}{1-\dfrac{v}{V}\cos\varphi}. \qquad \text{(原-122)}$$

したがって，E を静止系で測定した光のエネルギー，E' を運動系で測定した光のエネルギーとし，それらはそれぞれ観測された表面によって含まれるとすれば，

$$\frac{E'}{E} = \frac{\dfrac{A'^2}{8\pi}S'}{\dfrac{A^2}{8\pi}S} = \frac{1-\dfrac{v}{V}\cos\varphi}{\sqrt{1-\left(\dfrac{v}{V}\right)^2}}[\mathbf{70}], \quad \text{(原-123)}$$

を得る．この式は $\varphi=0$ のとき次の単純なものに変わる：

$$\frac{E'}{E} = \sqrt{\frac{1-\dfrac{v}{V}}{1+\dfrac{v}{V}}}. \quad \text{(原-124)}$$

(914)

光線の束のエネルギーと振動数が，観測者の運動状態により，同一の法則にしたがって変化するということは注目に値する．

ここで座標平面 $\xi=0$ は前節で考察した平面波を反射する完全な鏡面であるとする．われわれはその鏡面に及ぼす光の圧力および反射後の光の方向・振動数および強度を問う [**71**]．

入射光は（系 K に関して）$A, \cos\varphi, \nu$ の諸量で定義されるとする．k から観察したときの対応する量は：

$$A' = A\frac{1-\dfrac{v}{V}\cos\varphi}{\sqrt{1-\left(\dfrac{v}{V}\right)^2}}[\mathbf{72}], \quad \text{(原-125)}$$

$$\cos\varphi' = \frac{\cos\varphi - \dfrac{v}{V}}{1 - \dfrac{v}{V}\cos\varphi}[\mathbf{73}], \qquad (原\text{-}126)$$

$$\nu' = \nu\frac{1 - \dfrac{v}{V}\cos\varphi}{\sqrt{1 - \left(\dfrac{v}{V}\right)^2}}[\mathbf{74}]. \qquad (原\text{-}127)$$

反射光については，その過程を系 k に関係づけると，次式を得る：

$$A'' = A', \qquad (原\text{-}128)$$

$$\cos\varphi'' = -\cos\varphi', \qquad (原\text{-}129)$$

$$\nu'' = \nu'. \qquad (原\text{-}130)$$

最後にその反射光を静止系 K へ逆変換することにより次式を得る：

$$\begin{aligned}
A''' &= A''\frac{1 + \dfrac{v}{V}\cos\varphi''}{\sqrt{1 - \left(\dfrac{v}{V}\right)^2}} \\
&= A\frac{1 - 2\dfrac{v}{V}\cos\varphi + \left(\dfrac{v}{V}\right)^2}{1 - \left(\dfrac{v}{V}\right)^2}, \qquad (原\text{-}131)
\end{aligned}$$

$$\begin{aligned}
\cos\varphi''' &= \frac{\cos\varphi'' + \dfrac{v}{V}}{1 + \dfrac{v}{V}\cos\varphi''} \\
&= -\frac{\left(1 + \left(\dfrac{v}{V}\right)^2\right)\cos\varphi - 2\dfrac{v}{V}}{1 - 2\dfrac{v}{V}\cos\varphi + \left(\dfrac{v}{V}\right)^2}, \qquad (原\text{-}132)
\end{aligned}$$

$$\nu''' = \nu'' \frac{1+\dfrac{v}{V}\cos\varphi''}{\sqrt{1-\left(\dfrac{v}{V}\right)^2}}$$

$$= \nu \frac{1-2\dfrac{v}{V}\cos\varphi+\left(\dfrac{v}{V}\right)^2}{\left(1-\dfrac{v}{V}\right)^2}. \quad * \qquad (原\text{-}133)$$

鏡の単位表面積へ単位時間当たりに入射する（静止系で測定した）エネルギーは明らかに $A^2/8\pi(V\cos\varphi-v)$ である．鏡の単位表面積から単位時間に遠ざかっていくエネルギーは $A'''^2/8\pi(-V\cos\varphi'''+v)$ である．これら二つの表現の差は，エネルギー原理によれば，光の圧力が単位時間になす仕事である．それを積 $P\cdot v$ に等しいとおき，ここで P は光の圧力とすると，次式を得る：

$$P = 2\frac{A^2}{8\pi}\frac{\left(\cos\varphi-\dfrac{v}{V}\right)^2}{1-\left(\dfrac{v}{V}\right)^2}. \qquad (原\text{-}134)$$

一次近似により，経験および他の理論 [**75**] と一致する次式を得る：

＊訳者脚注 8〕 この式は

$$\nu\frac{1-2\dfrac{v}{V}\cos\varphi+\left(\dfrac{v}{V}\right)^2}{1-\left(\dfrac{v}{V}\right)^2}$$

のように分母を修正すべきである．

$$P = 2\frac{A^2}{8\pi}\cos^2\varphi. \tag{原-135}$$

ここで応用した方法によれば,運動する物体の光学のすべての問題を解くことができる.本質的なことは,運動物体により影響を受ける光の電気力と磁気力はこの物体に対して静止している座標系へ変換されるということである.それにより,運動する物体のすべての光学の問題は静止している物体の光学の一連の問題へと還元されるのである.

(916)
§9. 携帯電流を考慮に入れたマクスウェル-ヘルツ方程式の変換

われわれは次の方程式から出発する [**76**]:

$$\frac{1}{V}\left\{u_x\rho + \frac{\partial X}{\partial t}\right\} = \frac{\partial N}{\partial y} - \frac{\partial M}{\partial z}, \tag{原-136}$$

$$\frac{1}{V}\left\{u_y\rho + \frac{\partial Y}{\partial t}\right\} = \frac{\partial L}{\partial z} - \frac{\partial N}{\partial x}, \tag{原-137}$$

$$\frac{1}{V}\left\{u_z\rho + \frac{\partial Z}{\partial t}\right\} = \frac{\partial M}{\partial x} - \frac{\partial L}{\partial y}, \tag{原-138}$$

$$\frac{1}{V}\frac{\partial L}{\partial t} = \frac{\partial Y}{\partial z} - \frac{\partial Z}{\partial y}, \tag{原-139}$$

$$\frac{1}{V}\frac{\partial M}{\partial t} = \frac{\partial Z}{\partial x} - \frac{\partial X}{\partial z}, \tag{原-140}$$

$$\frac{1}{V}\frac{\partial N}{\partial t} = \frac{\partial X}{\partial y} - \frac{\partial Y}{\partial x}, \tag{原-141}$$

ここで,

$$\rho = \frac{\partial X}{\partial x} + \frac{\partial Y}{\partial y} + \frac{\partial Z}{\partial z} \qquad (原\text{-}142)$$

は電荷密度の 4π 倍，また (u_x, u_y, u_z) は電荷の速度ベクトルを意味する．電荷は常に微小な剛体（イオン，電子）に結びついていると考えれば，これらの方程式は運動物体のローレンツ [**77**] の電気力学および光学の電磁気的な基礎である．

これらの方程式が系 K で成立するものとし，§3 と §6 の変換方程式を援用してそれらを系 k へ変換すると次式を得る [**78**]：*

$$\frac{1}{V}\left\{u_\xi \rho' + \frac{\partial X'}{\partial \tau}\right\} = \frac{\partial N'}{\partial \eta} - \frac{\partial M'}{\partial \zeta}, \qquad (原\text{-}143)$$

$$\frac{1}{V}\left\{u_\eta \rho' + \frac{\partial Y'}{\partial \tau}\right\} = \frac{\partial L'}{\partial \zeta} - \frac{\partial N'}{\partial \xi}, \qquad (原\text{-}144)$$

$$\frac{1}{V}\left\{u_\zeta \rho' + \frac{\partial Z'}{\partial \tau}\right\} = \frac{\partial M'}{\partial \xi} - \frac{\partial L'}{\partial \eta}, \qquad (原\text{-}145)$$

---

*訳者脚注 9） 次の 6 式のうち最後の 3 式の左辺においては $1/V$ が脱落している．それを補って次のようにすべきである：

$$\frac{1}{V}\frac{\partial L'}{\partial \tau} = \frac{\partial Y'}{\partial \zeta} - \frac{\partial Z'}{\partial \eta},$$

$$\frac{1}{V}\frac{\partial M'}{\partial \tau} = \frac{\partial Z'}{\partial \xi} - \frac{\partial X'}{\partial \zeta},$$

$$\frac{1}{V}\frac{\partial N'}{\partial \tau} = \frac{\partial X'}{\partial \eta} - \frac{\partial Y'}{\partial \xi}.$$

$$\frac{\partial L'}{\partial \tau} = \frac{\partial Y'}{\partial \zeta} - \frac{\partial Z'}{\partial \eta}, \qquad \text{(原-146)}$$

$$\frac{\partial M'}{\partial \tau} = \frac{\partial Z'}{\partial \xi} - \frac{\partial X'}{\partial \zeta}, \qquad \text{(原-147)}$$

$$\frac{\partial N'}{\partial \tau} = \frac{\partial X'}{\partial \eta} - \frac{\partial Y'}{\partial \xi}, \qquad \text{(原-148)}$$

ここで,

$$\frac{u_x - v}{1 - \dfrac{u_x v}{V^2}} = u_\xi, \qquad \text{(原-149)}$$

$$\frac{u_y}{\beta\left(1 - \dfrac{u_x v}{V^2}\right)} = u_\eta, \qquad \text{(原-150)}$$

$$\frac{u_z}{\beta\left(1 - \dfrac{u_x v}{V^2}\right)} = u_\zeta. \qquad \text{(原-151)}$$

$$\rho' = \frac{\partial X'}{\partial \xi} + \frac{\partial Y'}{\partial \eta} + \frac{\partial Z'}{\partial \zeta} = \beta\left(1 - \frac{v u_x}{V^2}\right)\rho. \qquad \text{(原-152)}$$

(917)
ベクトル (u_ξ, u_η, u_ζ) は, 速度の加法定理 (§5) から導かれるように, 系kで測定された電荷の速度に他ならない. したがってそれにより, われわれの運動学的原理に基づき, 運動物体の電気力学に関するローレンツ理論の電気力学的基礎は相対性原理と一致することが証明される.

さらに, ここで展開された方程式からただちに次の重要な命題が導出され得ることを手短かに注意しておきたい. すなわち, 電荷をもった物体が空間を任意に運動しその間物体とともに運動する座標系からみてその電荷は不変であ

るとする.そうすれば,電荷は"静止"系からみてもまた一定のままである[**79**].

§10.(ゆっくりと加速される)電子の力学

ある電磁場中で電荷 ε をもつ点状の微粒子(以下"電子"と名づける)が運動している.われわれはここでその運動法則を単に以下のように仮定する:

電子はある特定の時点で静止しており,次の瞬間その運動は方程式

$$\mu \frac{d^2 x}{dt^2} = \varepsilon X \qquad \text{(原-153)}$$

$$\mu \frac{d^2 y}{dt^2} = \varepsilon Y \qquad \text{(原-154)}$$

$$\mu \frac{d^2 z}{dt^2} = \varepsilon Z, \qquad \text{(原-155)}$$

にしたがう[**80**].ただし,x, y, z は電子の座標,μ は電子がゆっくりと動く場合にかぎり[**81**]その質量を意味する.

ここで次に,電子はある時点で速度 v であるとする.われわれはそのすぐあとの瞬間に電子がしたがう法則を求める.

考察の一般性に影響を与えることなく,われわれは次のように仮定したいしまたそうすることができる.すなわち,われわれが着目した瞬間電子は座標原点にあり系 K の X 軸に沿って速度 v で運動している.このとき,電

子は指定された瞬間 ($t=0$) に，X軸に沿って一定の速度 v で並進運動している座標系 k に対して静止していることは明白である．

上で前提としたことを相対性原理と結びつければ，電子はそのすぐあとの時間（t の小さな値に関して），系 k から観測すると次の方程式にしたがって運動することは明らかである [**82**]：

$$\mu \frac{d^2\xi}{d\tau^2} = \varepsilon X', \qquad \text{(原-156)}$$

$$\mu \frac{d^2\eta}{d\tau^2} = \varepsilon Y', \qquad \text{(原-157)}$$

$$\mu \frac{d^2\zeta}{d\tau^2} = \varepsilon Z', \qquad \text{(原-158)}$$

ここで記号 $\xi, \eta, \zeta, \tau, X', Y', Z'$ は系 k に関係する．さらにわれわれは $t=x=y=z=0$ のとき $\tau=\xi=\eta=\zeta=0$ になると決める [**83**]．そうすれば §3 と §6 の変換方程式が成立し，次式が成立する [**84**]：

$$\tau = \beta\left(t - \frac{v}{V^2}x\right), \qquad \text{(原-159)}$$

$$\xi = \beta(x - vt), \qquad \text{(原-160)}$$

$$\eta = y, \qquad \text{(原-161)}$$

$$\zeta = z, \qquad \text{(原-162)}$$

$$X' = X, \qquad \text{(原-163)}$$

$$Y' = \beta\left(Y - \frac{v}{V}N\right), \qquad \text{(原-164)}$$

$$Z' = \beta \left(Z + \frac{v}{V} M \right). \tag{原-165}$$

これらの方程式を援用してわれわれは前記の系 k の運動方程式を系 K へと変換し，次式を得る [**85**]：

$$(\mathrm{A}) \begin{cases} \dfrac{d^2 x}{dt^2} = \dfrac{\varepsilon}{\mu} \dfrac{1}{\beta^3} X, & \text{(原-166)} \\[6pt] \dfrac{d^2 y}{dt^2} = \dfrac{\varepsilon}{\mu} \dfrac{1}{\beta} \left(Y - \dfrac{v}{V} N \right), & \text{(原-167)} \\[6pt] \dfrac{d^2 z}{dt^2} = \dfrac{\varepsilon}{\mu} \dfrac{1}{\beta} \left(Z + \dfrac{v}{V} M \right). & \text{(原-168)} \end{cases}$$

ここでわれわれは通常の考察にしたがい，運動する電子の"縦"と"横"の質量を問う [**86**]．われわれは方程式 (A) を

$$\mu \beta^3 \frac{d^2 x}{dt^2} = \varepsilon X = \varepsilon X', \tag{原-169}$$

$$\mu \beta^2 \frac{d^2 y}{dt^2} = \varepsilon \beta \left(Y - \frac{v}{V} N \right) = \varepsilon Y', \tag{原-170}$$

$$\mu \beta^2 \frac{d^2 z}{dt^2} = \varepsilon \beta \left(Z + \frac{v}{V} M \right) = \varepsilon Z' \tag{原-171}$$

という形で書き，まず $\varepsilon X', \varepsilon Y', \varepsilon Z'$ は電子に作用する起動力の成分であること，もっと正確にいうと，この瞬間電子とともにそれと同じ速度で運動する系から観察した成分であることに注意する．（この力は，たとえばその系に静止したバネ秤りで測ることができる．）ここでもしわれわれがこの力を単に"電子に作用する力"と呼び，方程式

§10.（ゆっくりと加速される）電子の力学

$$\text{質量} \times \text{加速度} = \text{力} [\mathbf{87}] \qquad (\text{原-172})$$

を保持するならば，またわれわれがさらに加速度は静止系Kで測定するものと規定するならば，前記の方程式より次式を得る：

$$\text{縦質量} = \frac{\mu}{\left(\sqrt{1-\left(\frac{v}{V}\right)^2}\right)^3}, \qquad (\text{原-173})$$

$$\text{横質量} = \frac{\mu}{1-\left(\frac{v}{V}\right)^2}. \qquad (\text{原-174})$$

もちろん，力と加速度の別様の定義からは質量に関し別様の量を得るであろう [**88**]．これにより，電子の運動のさまざまな理論を比較するにあたってはきわめて注意深くなければならぬことがわかる．

われわれは質量に関するこの結果はまた質点についても成立することに注意する．なぜなら，一つの質点は任意に小さな電荷を付与することにより（われわれの意味での）電子にすることができるからである．

われわれは電子の運動エネルギーを規定する．一つの電子が静電力 X の作用のもとに系Kの座標原点から初速度0で持続的に X 軸に沿って運動するものとする．そうすれば静電場から得るエネルギーは $\int \varepsilon X dx$ の値をもつことは明らかである [**89**]．電子はゆっくりと加速されるとしたのであるから輻射の形でエネルギーを放出することはない [**90**]．だから静電場から引き出されたエネルギーは電子の運動エネルギー W に等しいとおかなければな

らない．それゆえ，観察している全運動過程の間に方程式（A）の最初の式が成立することに注意すれば，次式を得る：

$$W = \int \varepsilon X dx = \int_0^v \beta^3 v dv *$$
$$= \mu V^2 \left\{ \frac{1}{\sqrt{1-\left(\frac{v}{V}\right)^2}} - 1 \right\}. \qquad \text{(原-175)}$$

したがって，$v=V$ のとき W は無限大となる．超光速度は，われわれの前の結果と同様，存在可能性をもたない．

運動エネルギーに関するこの表現は，上に挙げた議論 [91] にしたがい，可秤量 [92] にもまったく同様に成立しなければならない．

われわれはここで方程式の組（A）から得られ実験によって評価できる電子の運動の性質を枚挙したい．

1. 組（A）の 2 番目の方程式から，$Y = N \cdot v/V$ であれば，速度 v で運動する電子に対し電気力 Y と磁気力 N は同じ強さの偏向作用 [93] を及ぼすことが導かれる．かくして任意の速度に関し，われわれの理論にしたがい，磁気的偏向性 A_m と電気的偏向性 A_e の比から次の法則を用いることにより電子の速度を求め

---

*訳者脚注10] ここでは μ が脱落していると思われる．それを補って $\int_0^v \mu \beta^3 v dv$ とすべきである．

ることが可能である［**94**］：

$$\frac{A_m}{A_e} = \frac{v}{V}.{}^{*} \quad (原\text{-}176)$$

この関係は実験により試験することができる．というのは，電子の速度はまた，たとえば速く振動する電気的・磁気的場により，直接測定することができるからである．

2. 電子の運動エネルギーに関する演繹から，電子の通過した電位差［**95**］と獲得した速度 v との間に次の関係が成立すべきことが導かれる［**96**］：

$$P = \int X dx = \frac{\mu}{\varepsilon} V^2 \left\{ \frac{1}{\sqrt{1-\left(\dfrac{v}{V}\right)^2}} - 1 \right\}. \quad (原\text{-}177)$$

3. 電子の速度に垂直に作用する磁気力 N が（唯一の偏向力として）存在するとき，われわれは軌道の曲率半径 R を見積もる．方程式（A）の第2式からわれわれは次式を得る［**97**］：

$$-\frac{d^2 y}{dt^2} = \frac{v^2}{R} = \frac{\varepsilon}{\mu} \frac{v}{V} N \cdot \sqrt{1-\left(\frac{v}{V}\right)^2} \quad (原\text{-}178)$$

あるいは

$$R = V^2 \frac{\mu}{\varepsilon} \cdot \frac{\dfrac{v}{V}}{\sqrt{1-\left(\dfrac{v}{V}\right)^2}} \cdot \frac{1}{N}. \quad (原\text{-}179)$$

---

*訳者脚注11） この式の左辺（あるいは右辺）は分母と分子が逆であると思われる．

以上三つの関係は，電子が前述の理論によりしたがわねばならない法則の完全な表現である．

おわりにあたり，ここで取り扱った問題の研究において私は私の友人であり同僚である M.ベッソー［**98**］から誠実な助力を得たこと，また私は同人から貴重なはげましを受けたことを記する．

1905 年 6 月　ベルン
　　　　　（1905 年 6 月 30 日受付）

訳者補注
[1]　論文題名の前に印刷されている数字 "3" は，この論文が雑誌のこの号（第 17 巻第 10 号）の 3 番目の論文であることを示す．
[2]　この導入部分はアインシュタインの発想の仕方が典型的にあらわれている．読者はマクスウェル理論については何も知らなくともアインシュタインが問題にしている "非対称" とはどういうことかを形式上きちんとつかんでほしい．ここに書かれていることの理論的内容についてはこの論文の第Ⅱ部§6 に関連して議論されるであろう．なお，アインシュタインは "……ことが知られている." で文章を始めているが，私はアインシュタイン以前にこの "非対称" が問題にされたという例を知らない．
[3]　〔参〕第Ⅱ章 7 節「ガリレイの相対性原理への疑問」

訳者補注　　151

[4] 〔参〕第Ⅱ章 8 節「アインシュタインの相対性原理」
[5] 〔参〕第Ⅱ章 9 節「光速度不変性の原理」, 10 節「光速度不変性の原理と相対性原理の見かけ上の矛盾」
[6] "一つの速度ベクトル": 電磁気的過程を記述する座標系の絶対静止空間に対する速度を表すベクトルのことと思われる.
[7] "剛体": (ゴムのような) 伸び縮みをしない物体のこと.
[8] 〔参〕第Ⅱ章 1 節「慣性系あるいはニュートン力学が成立する座標系」
[9] "ユークリッド幾何の方法": ここではむずかしく考えることはせず "通常の測量の方法" と読み変えてよい.
[10] 〔参〕第Ⅰ章 1 節「座標および座標系」
[11] 以下この論文の核心部分である.
[12] "不正確さ": ある事象と正確に同時刻の時計の針の位置をどうやって知るか (事象をみて時計を調べていればその間に時は経過する) といった類の問題のことと思われる.
[13] "真空中": これについては第Ⅱ章 9 節「光速度不変性の原理」の中における注釈参照.
[14] $\overline{AB}$ は A と B の間の距離, $t'_A - t_A$ は光が A と B の間を往復するのに要する時間.
[15] 〔参〕第Ⅱ章 8 節「アインシュタインの相対性原理」
[16] 〔参〕第Ⅱ章 9 節「光速度不変性の原理」
[17] 原論文 §4, 903 ページで明らかにされる.
[18] 〔参〕第Ⅳ章 1 節「時間の相対性」
[19] 第Ⅱ章 2 節の図Ⅱ-1 およびそれに対応する本文を参照せよ.
[20] ξ, η, ζ はそれぞれ系 k における x, y, z 座標のことである.

[21] ξ, η, ζ, τ のそれぞれが x, y, z, t の関数であること；たとえば $\tau(x, y, z, t)$. その逆も成立する.

[22] 方程式が一次であること：第Ⅳ章6節における注釈参照.

[23] 〔参〕第Ⅳ章3節「ローレンツ変換（ⅰ）：x' の意味」

[24] 〔参〕第Ⅳ章4節「ローレンツ変換（ⅱ）：運動系におけるX軸方向に関する時間の同調の定義を偏微分方程式に表すこと」

[25] 〔参〕第Ⅳ章5節「ローレンツ変換（ⅲ）：運動系におけるY軸およびZ軸方向に関する時間の同調の定義を偏微分方程式に表すこと」

[26] 〔参〕第Ⅳ章6節「ローレンツ変換（ⅳ）：偏微分方程式を解くこと」

[27] "a はさしあたり未知の関数 $\varphi(v)$"：a は系 k の運動速度により変化するかも知れぬということ.

[28] 〔参〕第Ⅳ章7節「ローレンツ変換（ⅴ）：まとめ」

[29] 〔参〕第Ⅳ章9節「光速度不変性の原理と相対性原理が両立すること」

[30] 〔参〕第Ⅳ章10節「ローレンツ変換の決定」

[31] "恒等変換"：自分自身へ変換することあるいは何も変換しないこと.

[32] 以下，本論文はこの一組の変換方程式の応用問題である.

[33] （原-25）式に同じ.

[34] （原-38）〜（原-40）式において $t=0$ とし，それらを（原-42）式に代入すると得られる.

[35] 運動する物体の短縮！

[36] （原-45）式は（原-37）式そのものである．ここで x

訳者補注　153

は時刻 t のときの時計の位置，v は時計の運動速度．時計は系 k の原点にあるので（原-38）式において $\xi=0$ である．

[**37**]　（原-45）式に（原-46）式を代入して変形する．

[**38**]
$$1-\sqrt{1-(v/V)^2}$$
$$\approx 1-\left[1-\frac{1}{2}\left(\frac{v}{V}\right)^2-\frac{1}{8}\left(\frac{v}{V}\right)^4-\cdots\cdots\right]$$
$$=\frac{1}{2}\left(\frac{v}{V}\right)^2+\frac{1}{8}\left(\frac{v}{V}\right)^4+\cdots\cdots$$

これより高次の項を除く

なお，第 1 章 7 節「近似」も参照せよ．

[**39**]　〔参〕第Ⅳ章 11 節「運動する時計の遅れの一般的意味」

[**40**]　地球表面のある地点 S の地軸からの距離を r，地球自転の角速度を ω とすると，点 S における自転による線速度は $r\omega$ となる．地極においては $r=0$，すなわち線速度 0．赤道上においては r は最大（すなわち，地球半径 R）となって最大の線速度 $R\omega$ となる．［ついでながら，東京における線速度は約 380 m/秒である．］

[**41**]　〔参〕第Ⅳ章 12 節「速度の加法定理」

[**42**]　"速度の平行四辺形の法則"：第Ⅰ章 4 節「ベクトル（ii）：たし算」参照．

[**43**]　"α"：速度 v は Ξ あるいは Ξ 軸方向を向いているので，Ξ あるいは Ξ 軸と w の間の角と考えてよい．第Ⅳ章 12 節の図Ⅳ-6 参照．

[**44**]　"v と w が対称的"：式において v を w，w を v に置き換えても式の形は変わらないこと．

[**45**]　分数において分母は分子より $\kappa\lambda/V(>0)$ の分だけ大きい．したがって分数は 1 より小さい．

- [46] 単純化して表現すると，速度Vとwを"加える"とVになるということ！
- [47] 〔参〕第Ⅳ章13節「ローレンツ変換を2回続けて実施することによる速度の加法定理の導出」
- [48] "平行変換"：互いに並進運動をしている系の間での変換．
- [49] "群（ぐん）"：数学的概念．ここではK→k→k′という2段階の変換がK→k′という1段階の変換の結果と等しいことをさす．これは物理系を首尾一貫して記述するためには"当然要求される"ことである．
- [50] 〔参〕第Ⅱ章11節「マクスウェルの方程式」
- [51] 〔参〕第Ⅳ章14節「マクスウェル方程式の変換（ⅰ）：系Kからkへ」
- [52] "β"：すでに出ている定義（原-25),（原-41）式に同じ．
- [53] ここで"電気的質量"および"磁気的質量"はそれぞれ電荷および磁荷をもった粒子（質点），また"起動力"は単に力と解してよい．
- [54] "二つの方程式の組"：(原-68)～(原-73) 式と (原-75)～(原-80) 式のこと．
- [55] 〔参〕第Ⅳ章15節「マクスウェル方程式の変換（ⅱ）：$\Psi(v)\cdot\Psi(-v)=1$ の導出」
- [56] 〔参〕第Ⅳ章16節「マクスウェル方程式の変換（ⅲ）：$\Psi(v)=\Psi(-v)$ の導出」
- [57] 〔参〕第Ⅳ章17節「マクスウェル方程式の変換（ⅳ）：解釈」
- [58] "dyn"：ダイン．力を測る単位のこと．
- [59] "導入部分"：原論文891ページの序にあたる文章のこ

と.

[60] "単極装置"：あるいは単極誘導は1900年前後物理学者の関心を集めていた問題の一つである［本書では考察しない］.

[61] 〔参〕第Ⅱ章15節「電気力学的波の方程式」

[62] "法線"：一般に，ある曲線（あるいは曲面）に垂直な線のこと．ここでは波の進行方向に対応する．

[63] 〔参〕第Ⅳ章18節「電気力学的波の方程式の変換」

[64] 〔参〕第Ⅳ章19節「光のドップラー効果」

[65] "「光源－観測者」の結合線"：第Ⅳ章19節中のかこみを参照せよ．

[66] 〔参〕第Ⅳ章20節「光行差の法則」

[67] 〔参〕第Ⅳ章21節「電気力あるいは磁気力の振幅の大きさの変換」

[68] 〔参〕第Ⅳ章22節「光線のエネルギーの変換」

[69] "単純な計算"：これは附録「原論文その1の§8に与えられた楕円体の体積の導出」参照.

[70] この式は第Ⅵ章「アインシュタインの原論文その2」において，いわゆる $E=mc^2$ の有名な公式を導出するための前提となる.

[71] 〔参〕第Ⅳ章23節「光線の圧力」

[72] (原-118) 式の両辺の平方根をとったもの．

[73] (原-116) 式と同じ．

[74] (原-114) 式と同じ．

[75] "経験および他の理論"：マクスウェル方程式に基づき電気力学的波の"運動量"という量を算出すれば，その保存則から (原-135) 式が導出される．光圧に関する実験は19世紀においてすでになされていた．

[76] 〔参〕第Ⅱ章11節「マクスウェルの方程式」の後半部
[77] "ローレンツ":第Ⅱ章9節における注釈参照.
[78] 〔参〕第Ⅳ章24節「携帯電流を考慮に入れたマクスウェル方程式の変換」
[79] 〔参〕第Ⅳ章25節「電荷の不変性」
[80] $\varepsilon X, \varepsilon Y, \varepsilon Z$ は電気力の定義(第Ⅱ章11節参照)より電荷 ε をもつ粒子に作用する力,μ はその粒子の質量であるから,これらの式はニュートンの運動方程式(第Ⅱ章4節参照)そのものである.
[81] "電子がゆっくりと動く場合にかぎり":一般に,電荷をもった粒子が加速度運動をすると輻射の形でエネルギーを放出する,という事情に関係する条件である[原論文920ページ参照].
[82] 電子は系 k に対してはある時点 ($t=0$) で静止しており,これはその直後の運動方程式であるから(原-153)〜(原-155)式と同じ形式になる.μ もそれらの式に出現するものと同じである[相対性原理].
[83] §3と§6の変換方程式の前提.原論文899ページで,系 k の原点 ($\xi=\eta=\zeta=0$) において $\tau=0$ のとき $t=0$ が仮定されている.また,論文中必ずしも明示されていないが,$t=0$ のとき系 K と k の原点が一致している ($\xi=\eta=\zeta=x=y=z=0$) ことはもう一つの前提である[第Ⅱ章2節参照].
[84] これらの方程式は(原-37)〜(原-40)式および(原-90)〜(原-92)式と同じものである.
[85] 〔参〕第Ⅳ章26節「運動する電子の質量」
[86] "縦":電子の運動方向(X 方向),"横":電子の運動方向に垂直な方向(Y, Z 方向).

訳者補注　　157

- [87] ニュートンの第二法則（第Ⅱ章4節参照）である．
- [88] "別様の定義からは……別様の量を得る"：この質量に関する式はのちにプランク*によって相対論的により首尾一貫した形で与えられている．現在のわれわれは，質量に関し，プランクの定式にしたがっている．これについての詳細は本書では省略する．
- [89] 〔参〕第Ⅳ章27節「電子の運動エネルギー」
- [90] （すでに注意したが）一般に電荷をもった粒子が加速度運動すると，輻射の形でエネルギーを放出することが知られている．
- [91] "上に挙げた議論"：原論文919ページ末尾の考察のことと思われる．
- [92] "可秤量"：ここでは電荷をもたぬ物質のこと．
- [93] "同じ強さの偏向作用"：(原-167)式の右辺（電子に働く Y 方向の力）が正味零となること．$Y = N \cdot v/V$ は第Ⅱ章12節の（Ⅱ.12-6）式と同じ内容をもつことに注意せよ．
- [94] Y を A_e, N を A_m とすれば $Y = N \cdot v/V$ より得られる．ここで V は光速度で既知，A_m と A_e は実験条件により設定される．これより v が得られる［訳者脚注11参照］．
- [95] "電位差" P：単位電荷がある区間を通過したときに得る「仕事」（第Ⅳ章23節参照）のこと．
- [96] この積分は「仕事」の定義そのものである．(原-175)式の各辺を ε で割ることによりこの式を得る．
- [97] 〔参〕第Ⅳ章28節「磁場中での電子の運動」
- [98] 〔参〕第Ⅴ章3節「"M. ベッソー"」

---

* M. Planck, "Das Prinzip der Relativität und die Grundgleichungen der Mechanik," *Verhandlungen der Deutschen Physikalischen Gesellschaft*, **8**, 136 (1906).

第 IV 章

原論文その1の解説

1. 時間の相対性（〔参〕§2, 896 ページ）

"静止した"座標系を想定することにしよう．そして，ある長さの棒がそのＸ軸に沿って存在し，かつそれはＸ軸に沿って x が増加する方向に一定の速度 v で運動しているものとする．また，Ｘ軸に沿って多数の時計がぎっしり並べられており，それらはすべて互いに同調しているものとする．

ここで，棒の両端（ＡとＢ）に時計をもった観測者がおり，棒とともに運動する．このときＡとＢにおける時計は，各瞬間において，それぞれＸ軸上に置かれた時計のうちの最も近くにあるものと同じ指示を与えるものと考える．すなわち，ＡとＢに置かれ速度 v で運動している二つの時計は静止系からみたら同調しているものとする．

ここで時刻 t_A において光線がＡから出発し，時刻 t_B でＢにおいて反射され，時刻 $t_A{}'$ においてＡにもどってくるとすれば，

$$t_B - t_A = \frac{r_{AB}}{V-v} \qquad \text{(原-4)}$$

1. 時間の相対性

$$t_A' - t_B = \frac{r_{AB}}{V+v} \qquad \text{(原-5)}$$

を得る［図Ⅳ-1参照］．ここで，r_{AB} は静止系からみた運動している棒の長さである．

静止系からみた二つの時計は同調しているというのがわれわれの前提であった．一方，運動系すなわち運動している棒に固定された座標系でみると，事情はちがっている．ここでは，光は一定の距離（すなわち運動系からみた棒の長さ）を一定の速度 V で往復したのみである．時計が同調しているのならば光の往復の時間は等しくなければならない．ところが（原-4）および（原-5）式から明らかなように，

$$t_B - t_A \neq t_A' - t_B \qquad \text{(Ⅳ.1-1)}$$

すなわち，二つの時計は同調していない．［同調の定義を与える（原-1）式と比較せよ．］なお，$v=0$ であれば（原-4）および（原-5）式において（原-1）式は成立する．これは，静止系からみた二つの時計は同調しているというわれわれの前提が成立していることを意味する．

われわれは同調した時計を用いて"同時性"および"時間"の定義を得た［原論文894ページ］．ところが同調ということは相対的である．すなわち一つの座標系から観察すれば同調している時計も，その系に対して運動している系から観察すれば，もはや同調していないことがわかる．かくして，同時性や時間の概念には何ら絶対的な意味を帰すことができないことが結論される．

時刻
t_A

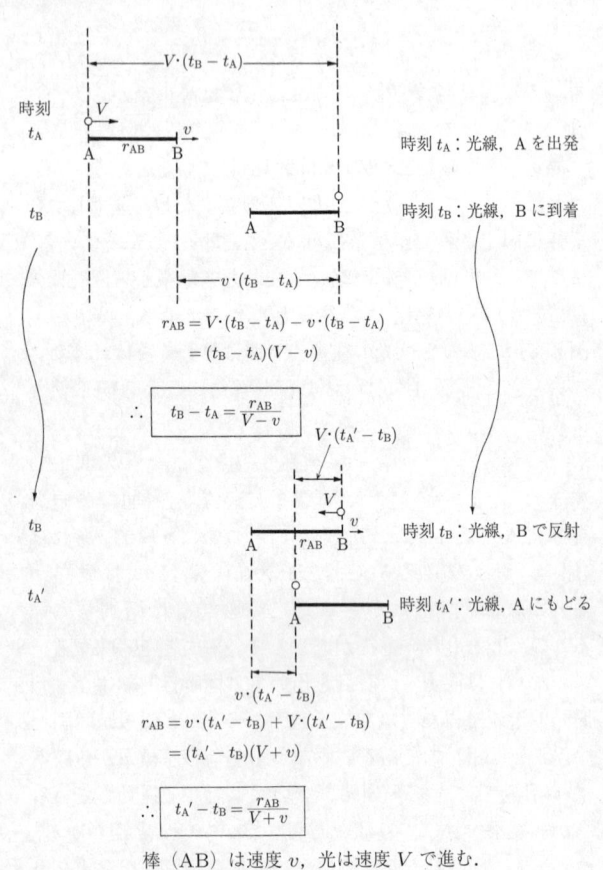

時刻 t_A：光線，A を出発

t_B

時刻 t_B：光線，B に到着

$$r_{AB} = V \cdot (t_B - t_A) - v \cdot (t_B - t_A)$$
$$= (t_B - t_A)(V - v)$$

$$\therefore \boxed{t_B - t_A = \frac{r_{AB}}{V - v}}$$

t_B

時刻 t_B：光線，B で反射

$t_{A'}$

時刻 $t_{A'}$：光線，A にもどる

$$r_{AB} = v \cdot (t_{A'} - t_B) + V \cdot (t_{A'} - t_B)$$
$$= (t_{A'} - t_B)(V + v)$$

$$\therefore \boxed{t_{A'} - t_B = \frac{r_{AB}}{V + v}}$$

棒（AB）は速度 v，光は速度 V で進む．

図IV-1　時間の相対性

2. ローレンツ変換 (0)：はじめに

　本節を含め，これから8つの節にわたってローレンツ変換といわれる一組の方程式を導出します．そして，第Ⅱ章2節で定義されたKとkという二つの座標系が再び登場します．

　相対性原理を前提とする以上，系Kで成立する物理法則は系kでも同じ形で成立しなければなりません．しかしながら，私たちは一つの系の位置（座標）と時間を他方の系へ変換する公式を知りません．確かに私たちはガリレイ変換を学びましたが，それは相対性原理と光速度不変性の原理を並べて採用する以上，廃棄されなければならないことになりました［第Ⅱ章10節］．それに代わる変換がローレンツ変換なのです．

　ここまで進んできた私たちはガリレイ変換の前提となっている考え方として，少なくとも時間の概念に変更が加えられねばならないことに気がついています．以下，このことに注意して進むことにしましょう．

　なお，アインシュタインがほとんど論文の一章をさいて導出した重要な式がなぜ（"アインシュタイン変換"でなく）ローレンツ変換と呼ばれるのかを簡単にお伝えしておきましょう．実は，アインシュタインは知らなかったのですが，数学的にはこれとまったく等価な式が1904年にローレンツによって導出されており，かつ1905年にはポア

ンカレによって"ローレンツ変換"と命名されていたのです．ただし，ローレンツの理論においては，そこに現れる座標や時間は議論のための"有効座標"と"局所時"として扱われており，それらは，アインシュタインの場合とはちがって，時間・空間の概念の変更を求めるものではありませんでした．

▫ローレンツは第Ⅱ章9節ですでに紹介した．J.H.ポアンカレ (1854-1912) は，一般には『科学と仮説』・『科学と方法』などの名著の著者として知られる大先生である．

3. ローレンツ変換 (ⅰ)：x' の意味 （〔参〕§3, 898 ページ）

第Ⅱ章2節と同じ系Kとkを導入する．ここで系Kの軸の名はX, Y, Zとし，対応する系kの軸をΞ（グザイ），H（イータ），Z（ゼータ）と呼ぶことにする．また系Kの座標と時間を x, y, z, t；系kの対応する量を ξ, η, ζ, τ とする．さらに，第Ⅱ章の場合と同じく，静止系の時間 $t=0$ において系Kとkの原点が一致していたと考える［以下図Ⅳ-2 参照］．

さて，Ξ軸の任意の場所に点Pを固定する．そして系Kからみたときの点Pと系kの原点との距離を x' とする．

系kの原点は時刻 t のとき $x=vt$ という x 座標をもつ．また，$x'=x-vt$ と定義されている（原論文 898 ページ）のだから系kの原点の x' 値は $x_0'=vt-vt=0$．一方，

点Pは系Kにおいて$x=x'+vt$の座標をもつ．そこで点Pのx'の値は$x_{\mathrm{P}}'=(x'+vt)-vt=x'$．すなわち，系kの$\Xi$軸上に静止した任意の点Pの$x'$の値は時間$t$に依存しない．

以上，少し回りくどくなったが，これからあとの節では系kにおける光信号の伝播の様子を系Kから観察する；このとき系KのX軸上におけるx座標は系Kの原点から測ることをせず運動している系kの原点から測ってそれをx'と呼ぶことにするのだ．それならx'とは系kのx座標すなわちξと同じものではないか？　いや，ちがう．われわれは"運動系における棒の長さ"(a)と"静止系における（運動している）棒の長さ"(b)は異なること

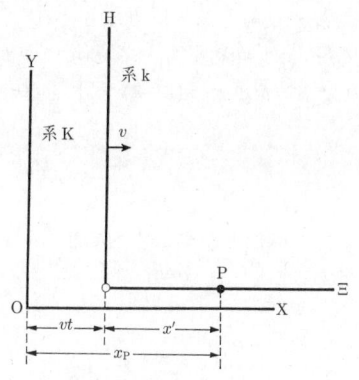

$t=0$で二つの原点は一致していたとする．

図IV-2　時刻tにおける系Kとk

を予告されている［原論文896ページ］．そして，ξ はaに，また x' はbに対応しているのだ．

x 座標の代わりに x' を用いれば，系Kとkの座標の関係において時間 t が現れないという利点をもつ．このことは，7節の（原-16）［および（原-19）と（原-20）］式で確認できるであろう．

ついでに次への展開のため一組の結果を導出しておく．系kの原点から静止系の時刻 t のときに点Pへ向かって光を発射したとする．この光が点Pに到着する時刻は，1節で光が r_{AB} の距離に向かって進むときにかかる時間が $r_{AB}/(V-v)$ であったこと［（原-4）式］を用いると，

$$t+\frac{x'}{V-v} \tag{IV.3-1}$$

一方，点Pで光が反射されて原点にもどる時刻は，同じく1節で光が r_{AB} の距離をもどるときにかかる時間が $r_{AB}/(V+v)$ であったこと［（原-5）式］を用いると，

$$t+\frac{x'}{V-v}+\frac{x'}{V+v} \tag{IV.3-2}$$

となる．

なお，ここでの時間と距離はすべて静止系Kからみた場合のものであることに注意せよ．

4. ローレンツ変換 (ii): 運動系における X 軸方向に関する時間の同調の定義を偏微分方程式に表すこと ([参] §3, 898 ページ)

われわれが導出したいのは，系 k における座標と時間 ξ, η, ζ, τ のそれぞれを系 K の x, y, z, t と関係づける式である．ここではまず τ (系 k の時間) に着目し，それを前節で定義された x' および y, z, t の関数と考えよう．

☞ τ を x', y, z, t で具体的に表してみようということ．そのあと，$x' = x - vt$ を代入すれば τ は x, y, z, t の関数となる [原論文 900 ページを参照].

系 k の原点と点 P に時計が置かれており，しかもそれらは系 k からみて同調しているものとしよう．そして系 k の原点から時刻 τ_0 に光線が Ξ (あるいは X) 軸に沿って P へ送られ，そこで時刻 τ_1 に座標原点へ向かって反射され，原点へ時刻 τ_2 に到着する；そうすれば (原-1) 式の同調の定義より

$$\tau_1 - \tau_0 = \tau_2 - \tau_1 \qquad \text{(IV. 4-1)}$$

あるいはその簡単な変形により

$$\frac{1}{2}(\tau_0 + \tau_2) = \tau_1 \qquad \text{(原-6)}$$

が成立する．

ここで τ を x', y, z, t の関数，すなわち $\tau(x', y, z, t)$ とみなす．いまはすべて Ξ (あるいは X) 軸上での光線の

やりとりに限定されているのだから常に $y=z=0$ である．さらに τ_0 においては光は系 k の原点にあるのだから $x'=0$，またそのときの時刻は系 K からみて t であったとすると

$$\tau_0 = \tau(0,0,0,t) \tag{IV.4-2}$$

また点 P においては [(IV.3-1) 式も参照して]，

$$\tau_1 = \tau\left(x',0,0,t+\frac{x'}{V-v}\right) \tag{IV.4-3}$$

再び原点にもどって [(IV.3-2) 式も参照して]，

$$\tau_2 \doteq \tau\left(0,0,0,t+\frac{x'}{V-v}+\frac{x'}{V+v}\right) \tag{IV.4-4}$$

となる．これらを (原-6) 式に代入して

$$\frac{1}{2}\left[\tau(0,0,0,t)+\tau\left(0,0,0,t+\frac{x'}{V-v}+\frac{x'}{V+v}\right)\right]$$
$$=\tau\left(x',0,0,t+\frac{x'}{V-v}\right) \tag{原-7}$$

を得る．

この式だけでは τ と x,y,z,t との間の具体的な関係はわからない．それを求めるため，この式において x' を微小量 ($x'\approx 0$) とみなし，偏微分の定義を用いて偏微分方程式 [(原-8) 式] に書きなおしてしまおう．それには以下のようにすればよい．

(原-7) 式を次のように書きなおす：

$$\frac{1}{2}\left[\tau\left(0,0,0,t+\frac{x'}{V-v}+\frac{x'}{V+v}\right)-\tau(0,0,0,t)\right]$$

$$= \left[\tau\left(x', 0, 0, t+\frac{x'}{V-v}\right) - \tau(x', 0, 0, t)\right]$$
$$+ [\tau(x', 0, 0, t) - \tau(0, 0, 0, t)] \qquad \text{(Ⅳ.4-5)}$$

☞ずいぶん人工的な変形！と思われるかも知れない．ともかく，この式を整理すれば（原-7）式にもどることは容易に確認できるだろう．

この式にすでに第Ⅰ章10節で導出してある（Ⅰ.10-5），（Ⅰ.10-7）および（Ⅰ.10-8）式を用いて*，

$$\frac{1}{2}\left[\frac{x'}{V-v} + \frac{x'}{V+v}\right]\frac{\partial \tau(0,0,0,t)}{\partial t}$$
$$= \frac{x'}{V-v}\frac{\partial \tau(x',0,0,t)}{\partial t} + x'\frac{\partial \tau(0,0,0,t)}{\partial x'} \qquad \text{(Ⅳ.4-6)}$$

この式の両辺を x' で割って右辺のたし算の順番を入れ換えると，

$$\frac{1}{2}\left(\frac{1}{V-v} + \frac{1}{V+v}\right)\frac{\partial \tau(0,0,0,t)}{\partial t}$$
$$= \frac{\partial \tau(0,0,0,t)}{\partial x'} + \frac{1}{V-v}\frac{\partial \tau(x',0,0,t)}{\partial t} \qquad \text{(Ⅳ.4-7)}$$

を得る．ここで，$x' \approx 0$ であるから $\tau(0,0,0,t) \approx \tau(x',0,0,t)$ であり，それを τ と略記すれば，

$$\frac{1}{2}\left(\frac{1}{V-v} + \frac{1}{V+v}\right)\frac{\partial \tau}{\partial t} = \frac{\partial \tau}{\partial x'} + \frac{1}{V-v}\frac{\partial \tau}{\partial t} \qquad \text{(原-8)}$$

---

* ただし，x は x' に置き換え，また，$y=z=0$ として用いる．（Ⅰ.10-8）式においては，さらに必要な箇所において $x' \approx 0$ という近似を用いる．

となり,さらにこの式を整理すれば,

$$\frac{\partial \tau}{\partial x'} + \frac{v}{V^2 - v^2} \frac{\partial \tau}{\partial t} = 0 \qquad (原\text{-}9)$$

になる.

5. ローレンツ変換 (iii):運動系における Y 軸および Z 軸方向に関する時間の同調の定義を偏微分方程式に表すこと([参] §3, 899 ページ)

前節と同様な考察を今度は H 軸と Z 軸(すなわち系 k の Y 軸と Z 軸)に関して行う.はじめに H 軸方向の光の伝播を観察しよう.

系 k の H 軸上に点 Q を固定する.そして,点 Q と系 k の原点との距離は系 K からみて y であるとする.ある時刻 τ_0 に系 k の原点から Q に向かって光が発射され,時刻 τ_1 に Q に到達,さらにそこで再び原点に向かって反射されて時刻 τ_2 に原点にもどるとする.このとき,系 k において時計が同調しているためには

$$\frac{1}{2}(\tau_0 + \tau_2) = \tau_1 \qquad (\text{IV.5-1})$$

が成立していなければならない.[これは Ξ 軸に関する(原-6)式と同じである.]

H 軸に沿って往復する光を系 K からながめた場合の様子を図 IV-3 に示す.ここでは便宜上系 K の時刻 0 のときに光が原点を発射したことになっている.光は系 k から

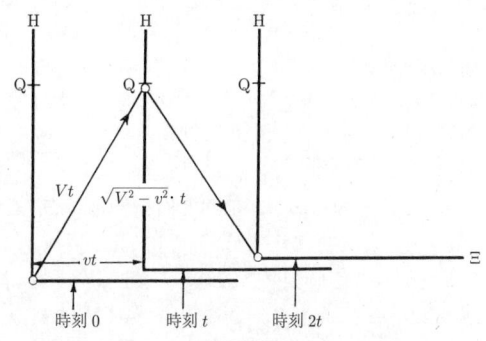

光は H 軸に沿っては $\sqrt{V^2-v^2}$ の速度で伝播している.

図Ⅳ-3　系 K からみた系 k における光の動き

ながめると"上下"の往復をしているのみであったが, 系 K からながめると Q を頂点とする二等辺三角形の二等辺を描く形で進行する. これは, 一定の速度で進行している列車の中で飛び上った人は"元の"位置に落下するが, 列車の外にいる人から見ると列車の進行方向に移動しているという事情と同じである.

さてここで, 系 K からながめると光は H 軸に沿って $\sqrt{V^2-v^2}$ の速度で伝播することに注意しなければならない. すなわち, 系 K からみると, 時間 t の間に H 軸は vt だけ進む. 一方, 光はその進行方向に Vt だけ進む. 図Ⅳ-3においてピタゴラスの定理を用いると, 光は時間 t の間に H 軸上を $\sqrt{V^2-v^2}\cdot t$ の距離だけ進行したことになる. したがって, H 軸に沿っての光の伝播速度は (系 K からみると) 距離÷時間により $\sqrt{V^2-v^2}$ であることが

わかる.

 ☞ 光の伝播速度が（H 軸に沿って）$\sqrt{V^2-v^2}$ であるといってもこれは光速度不変性の原理に反しているわけではない. その原理は, 光の進行方向の速度が常に V であると主張しているのである.

以上のことを念頭におき, 前節と同様 τ は x', y, z, t の関数 $\tau(x', y, z, t)$ であるとしよう. すると, 系 k の原点から光が発射される時刻 τ_0 においては $x'=0$ [3,4 節参照], さらに $y=z=0$. またこのとき系 K の時刻は t であったとすると,

$$\tau_0 = \tau(0,0,0,t) \tag{IV.5-2}$$

光が H 軸上の点 Q に到着する時刻 τ_1 においては：点 Q と系 k の原点との距離は系 K からみて y であること, および系 K からみて H 軸方向の光の伝播速度は $\sqrt{V^2-v^2}$ であることから y の距離を進むに必要な時間は $y/\sqrt{V^2-v^2}$；したがってそのときの時刻は $t+y/\sqrt{V^2-v^2}$ であることを考慮すると,

$$\tau_1 = \tau\left(0, y, 0, t+\frac{y}{\sqrt{V^2-v^2}}\right) \tag{IV.5-3}$$

さらに, 系 k の時刻 τ_2 において光は再び系 k の原点 ($x'=y=z=0$) にもどり, さらに光が Q に到着するまでの時間と, Q からもどる時間は等しいことを考慮すると,

$$\tau_2 = \tau\left(0, 0, 0, t+\frac{2y}{\sqrt{V^2-v^2}}\right) \tag{IV.5-4}$$

これらを (IV.5-1) 式に代入して

$$\frac{1}{2}\left[\tau(0,0,0,t)+\tau\left(0,0,0,t+\frac{2y}{\sqrt{V^2-v^2}}\right)\right]$$
$$=\tau\left(0,y,0,t+\frac{y}{\sqrt{V^2-v^2}}\right) \quad \text{(Ⅳ.5-5)}$$

を得る．

前節と同様，y を微小量とみなして ($y \approx 0$) 偏微分の定義により上式を偏微分方程式に書きなおす．まず，(Ⅳ.5-5) 式を次のように変形する．

$$\frac{1}{2}\left[\tau\left(0,0,0,t+\frac{2y}{\sqrt{V^2-v^2}}\right)-\tau(0,0,0,t)\right]$$
$$=\left[\tau\left(0,y,0,t+\frac{y}{\sqrt{V^2-v^2}}\right)-\tau(0,y,0,t)\right]$$
$$+[\tau(0,y,0,t)-\tau(0,0,0,t)] \quad \text{(Ⅳ.5-6)}$$

ここにおいて，

$$\tau\left(0,0,0,t+\frac{2y}{\sqrt{V^2-v^2}}\right)-\tau(0,0,0,t)$$
$$=\frac{2y}{\sqrt{V^2-v^2}}\frac{\partial \tau(0,0,0,t)}{\partial t} \quad \text{(Ⅳ.5-7)}$$

$$\tau\left(0,y,0,t+\frac{y}{\sqrt{V^2-v^2}}\right)-\tau(0,y,0,t)$$
$$=\frac{y}{\sqrt{V^2-v^2}}\frac{\partial \tau(0,y,0,t)}{\partial t} \quad \text{(Ⅳ.5-8)}$$

$$\tau(0,y,0,t)-\tau(0,0,0,t)=y\frac{\partial \tau(0,0,0,t)}{\partial y} \quad \text{(Ⅳ.5-9)}$$

である．

☞必要があれば第 I 章 10 節を復習せよ.

(IV.5-7)〜(IV.5-9) 式を (IV.5-6) 式に代入して,

$$\frac{y}{\sqrt{V^2-v^2}}\frac{\partial \tau(0,0,0,t)}{\partial t}$$
$$=\frac{y}{\sqrt{V^2-v^2}}\frac{\partial \tau(0,y,0,t)}{\partial t}+y\frac{\partial \tau(0,0,0,t)}{\partial y} \quad \text{(IV.5-10)}$$

この両辺を y で割って

$$\frac{1}{\sqrt{V^2-v^2}}\frac{\partial \tau(0,0,0,t)}{\partial t}$$
$$=\frac{1}{\sqrt{V^2-v^2}}\frac{\partial \tau(0,y,0,t)}{\partial t}+\frac{\partial \tau(0,0,0,t)}{\partial y} \quad \text{(IV.5-11)}$$

ここで $y\approx 0$ より $\tau(0,0,0,t)\approx\tau(0,y,0,t)$ を考慮し,それを τ と略記すると,

$$\frac{1}{\sqrt{V^2-v^2}}\frac{\partial \tau}{\partial t}=\frac{1}{\sqrt{V^2-v^2}}\frac{\partial \tau}{\partial t}+\frac{\partial \tau}{\partial y} \quad \text{(IV.5-12)}$$

となり,これよりただちに

$$\frac{\partial \tau}{\partial y}=0 \quad \text{(原-10)}$$

を得る.

Z 軸に関しても以上とまったく同じ議論が適用でき,結果として

$$\frac{\partial \tau}{\partial z}=0 \quad \text{(原-11)}$$

を得る.

6. ローレンツ変換（iv）：偏微分方程式を解くこと（〔参〕§3, 899 ページ）

前節までにわれわれは

$$\frac{\partial \tau}{\partial x'} + \frac{v}{V^2 - v^2} \frac{\partial \tau}{\partial t} = 0 \tag{原-9}$$

$$\frac{\partial \tau}{\partial y} = 0 \tag{原-10}$$

$$\frac{\partial \tau}{\partial z} = 0 \tag{原-11}$$

を得た．本節ではこの連立偏微分方程式を解いて，τ を x', y, z, t の具体的な関数として表現する．

原論文では (x, y, z, t) と (ξ, η, ζ, τ) を結びつける "方程式は，われわれが空間と時間に想定している同質性の特質によれば，$\dot{一}\dot{次}$でなければならないこと"（898 ページ），したがって "τ は$\dot{一}\dot{次}$の関数である" こと（899 ページ）が前提とされている．したがってわれわれは

$$\tau = ax' + by + cz + dt + e \tag{Ⅳ.6-1}$$

とおく．ここで，a, b, c, d, e は時間・空間に依存しない定数であるとする．

 ☞少しむずかしくなるが……．たとえば τ は t について $n (>0)$ 次の関数であったとする．すると t は τ について $1/n$ 次の関数となるはずである．この場合，系 K からみた k と系 k からみた K は時間に対して非対称となる．こ

の非対称が生じないためには $n=1/n$, すなわち, $n=1$ でなければならない.

（原-10）および（原-11）式よりそれぞれ $b=0$ および $c=0$ が導出される．また, 系 k の原点 $(x'=y=z=0)$ において $\tau=0$ のとき $t=0$ であったと（約束）すると, $e=0$ を得る．したがって，（Ⅳ.6-1）式は

$$\tau = ax' + dt \tag{Ⅳ.6-2}$$

となる．これを（原-9）式に代入して

$$a + \frac{v}{V^2 - v^2}d = 0 \tag{Ⅳ.6-3}$$

したがって

$$a = -\frac{v}{V^2 - v^2}d \tag{Ⅳ.6-4}$$

これを（Ⅳ.6-2）式に代入して

$$\tau = -\frac{v}{V^2 - v^2}dx' + dt \tag{Ⅳ.6-5}$$

あるいは

$$\tau = d\left(t - \frac{v}{V^2 - v^2}x'\right) \tag{Ⅳ.6-6}$$

ここで d は定数としての意味しかもっておらず，したがっていかなる記号で表してもよいので a と書き直せば

$$\tau = \tau(x', y, z, t) = a\left(t - \frac{v}{V^2 - v^2}x'\right) \tag{原-12}$$

を得る.

なお,（原-9）〜（原-11）式を導出するにあたってわれ

われは x', y（および z）のそれぞれは微小量であるとみなした．しかし（原-12）式は任意の大きさの x', y および z に関して成立する．このことは，（原-12）式を（原-7）式あるいは 5 節の（Ⅳ.5-5）式に代入すればわかる．ただし証明はきわめて容易なので省略する．

7. ローレンツ変換（ⅴ）：まとめ（〔参〕§3, 899 ページ）

3 節に始まって前節まで，系 k における時計の同調の条件を系 K の座標と時間 x', y, z, t で書き表すため，系 k における光信号の伝播の様子を系 K から観察して（原-12）式を得た．本節では考察をさらに進め，系 k の座標 ξ, η, ζ のそれぞれも系 K の座標と時間で具体的に表現する．

まず時刻 $\tau = 0$ において系 k の原点から Ξ 軸の ξ の増加する方向へ発射された光を系 k で観察すると，

$$\xi = V\tau \tag{原-13}$$

が成立する．ここで，ξ は時刻 τ における光の位置である．これに（原-12）式を代入して

$$\xi = aV\left(t - \frac{v}{V^2 - v^2}x'\right) \tag{原-14}$$

を得る．

ついで，この光線が点 P に到着するまでを系 K からながめた結果を書くと（図Ⅳ-4），

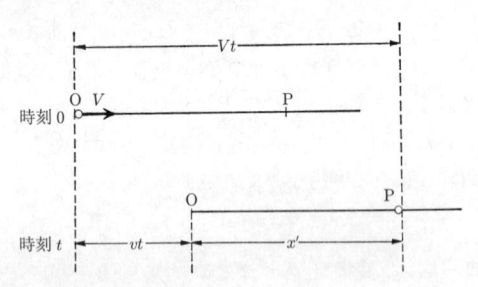

$Vt = vt + x'$, すなわち $\dfrac{x'}{V-v} = t$ が成立.

これは, 系 K からみると光は系 k に対し速度 $V-v$ で進行していることを表す.

図Ⅳ-4 光が系 k の原点 (O) から発射され点 P に到着するまでを系 K から観察

$$\frac{x'}{V-v} = t \tag{原-15}$$

となり, この t の値を (原-14) 式に代入して

$$\xi = a\frac{V^2}{V^2-v^2}x' \tag{原-16}$$

同様に時刻 $\tau = 0$ において系 k の原点から H 軸の η の増加する方向へ発射された光を系 k で観察すると

$$\eta = V\tau \tag{Ⅳ.7-1}$$

これに (原-12) 式を代入して

$$\eta = aV\left(t - \frac{v}{V^2-v^2}x'\right) \tag{原-17}$$

を得る.

ついで, この光線が H 軸上の点 Q に到着するまでを系

KからながめるとK, 光はH軸に沿って$\sqrt{V^2-v^2}$の速度で伝播すること（5節）を考慮して

$$\frac{y}{\sqrt{V^2-v^2}} = t \qquad (原\text{-}18\text{a})$$

ここでyは系Kからみた時刻tにおけるH軸上での光の位置（のy座標）である．また，いまはH軸上での光の伝播を問題としているのだから

$$x' = 0 \qquad (原\text{-}18\text{b})$$

（原-18）の二つの式を（原-17）式に代入すると，

$$\eta = a\frac{V}{\sqrt{V^2-v^2}}y \qquad (原\text{-}19)$$

Z軸に関してはH軸とまったく同じ議論が成立する．そこで，（原-19）式においてηをζに，またyをzに置き換えて

$$\zeta = a\frac{V}{\sqrt{V^2-v^2}}z \qquad (原\text{-}20)$$

を得る．

いままでxの代わりにx'という量を用いてきた．求める一連の式が導出できたところで$x'=x-vt$を諸式に代入しx'を消してしまおう．まず，（原-12）式にx'の値を代入して

$$\tau = a\left[t - \frac{v(x-vt)}{V^2-v^2}\right] = a\left[t + \frac{v^2}{V^2-v^2}t - \frac{v}{V^2-v^2}x\right]$$
$$= a\left[\frac{V^2}{V^2-v^2}t - \frac{v}{V^2-v^2}x\right] = a\frac{V^2}{V^2-v^2}\left[t - \frac{v}{V^2}x\right]$$

$$= a\frac{1}{1-\left(\dfrac{v}{V}\right)^2}\left[t-\frac{v}{V^2}x\right] \qquad \text{(Ⅳ.7-2)}$$

ここで

$$\beta = \frac{1}{\sqrt{1-\left(\dfrac{v}{V}\right)^2}} \qquad \text{(原-25)}$$

とおき，さらに

$$a\beta = \varphi(v) \qquad \text{(Ⅳ.7-3)}$$

と定義すると

$$\tau = \varphi(v)\beta\left(t-\frac{v}{V^2}x\right) \qquad \text{(原-21)}$$

となる．

さらに（原-16),（原-19),（原-20）の各式より

$$\xi = \varphi(v)\beta(x-vt) \qquad \text{(原-22)}$$
$$\eta = \varphi(v)y \qquad \text{(原-23)}$$
$$\zeta = \varphi(v)z \qquad \text{(原-24)}$$

を得る．これがわれわれの求めていた変換式である．

なお，この変換式には未知の関数 $\varphi(v)$ が含まれている．われわれはいずれこの関数の決定を行うであろう [10節]．さらにわれわれは6節の（Ⅳ.6-1）式において，系kの原点において $\tau=0$ のとき $t=0$ であると約束し $e=0$ とした．もしこの約束がなければ（Ⅳ.6-2）式においてeは残り，それに対応して（原-21)〜（原-24）式の右辺にさらに付加的な定数を添えることになる．

8. ローレンツ変換（vi）：逆変換

（原-21）～（原-24）式は系Kの座標と時間 x, y, z, t を系kの座標と時間 ξ, η, ζ, τ に変換する式である．これを正の変換とすると，その逆，すなわち ξ, η, ζ, τ を x, y, z, t に変換する式も容易に求められる．つまり，連立方程式（原-21）～（原-24）を x, y, z, t について解けばよい．

（原-21）式の両辺に v をかけ（原-22）式と辺々加えると，

$$\begin{aligned}
v\tau + \xi &= v\varphi\beta\left(t - \frac{v}{V^2}x\right) + \varphi\beta(x - vt) \\
&= \varphi\beta\left(vt - \frac{v^2}{V^2}x + x - vt\right) \\
&= \varphi\beta x\left(1 - \frac{v^2}{V^2}\right) = \varphi\beta x\frac{1}{\beta^2} = \frac{\varphi}{\beta}x
\end{aligned}$$

(Ⅳ.8-1)

ただし，以上では $\varphi(v)$ は単に φ と記し，また（原-25）式を用いた．(Ⅳ.8-1) 式を書きなおすと，

$$x = \frac{1}{\varphi(v)}\beta(\xi + v\tau) \qquad (\text{Ⅳ.8-2})$$

（原-21）式を t について解くと，

$$t = \frac{1}{\varphi\beta}\left[\tau + \frac{\varphi\beta}{V^2}vx\right] \qquad (\text{Ⅳ.8-3})$$

となる．この式の x のところへ (Ⅳ.8-2) 式を代入して整

理すると，

$$t = \frac{1}{\varphi\beta}\left[\left(1+\frac{v^2}{V^2}\beta^2\right)\tau + \frac{v}{V^2}\beta^2\xi\right] \quad \text{(IV.8-4)}$$

ここで（原-25）式を考慮すると，

$$1+\frac{v^2}{V^2}\beta^2 = \beta^2 \quad \text{(IV.8-5)}$$

したがって（IV.8-4）式は

$$t = \frac{1}{\varphi\beta}\left[\beta^2\tau + \frac{v}{V^2}\beta^2\xi\right] = \frac{1}{\varphi}\beta\left[\tau + \frac{v}{V^2}\xi\right] \quad \text{(IV.8-6)}$$

となる．書きなおして

$$t = \frac{1}{\varphi(v)}\beta\left[\tau + \frac{v}{V^2}\xi\right] \quad \text{(IV.8-7)}$$

さらに，（原-23）および（原-24）式よりただちに

$$y = \frac{1}{\varphi(v)}\eta \quad \text{(IV.8-8)}$$

および

$$z = \frac{1}{\varphi(v)}\zeta \quad \text{(IV.8-9)}$$

を得る．

まとめて，(IV.8-2)，(IV.8-7)〜(IV.8-9) 式が逆変換式である．

☞ (IV.8-5) 式はこのあとよく使用される公式である．一部の読者のため導出法を示しておく：

$$1+\beta^2\frac{v^2}{V^2} = 1+\left(\frac{1}{1-\dfrac{v^2}{V^2}}\right)\frac{v^2}{V^2} = 1+\left(\frac{1}{\dfrac{V^2-v^2}{V^2}}\right)\frac{v^2}{V^2}$$

$$= 1+\left(\frac{V^2}{V^2-v^2}\right)\frac{v^2}{V^2}$$

$$= 1+\frac{v^2}{V^2-v^2} = \frac{V^2}{V^2-v^2} = \frac{1}{1-\left(\dfrac{v}{V}\right)^2}$$

$$= \beta^2$$

9. 光速度不変性の原理と相対性原理が両立すること
（〔参〕§3, 900 ページ）

第Ⅱ章 10 節では光速度不変性の原理と相対性原理が見かけ上矛盾すること，さらにそのような矛盾が生じたのはガリレイ変換の式とそれを導出するもととなった考え方に問題があったためであることを記した．われわれは新しい変換式，すなわちローレンツ変換式を得たので，それを用いて二つの原理が両立することを確認しよう．

系 K および k の原点が一致した瞬間において各系における時刻を零と定める．すなわち $t=\tau=0$. さらにこの基準の時刻において系 K および k の共通の原点からあらゆる方向に向かって光が発射されたとする．光はすべての方向に一定速度 V で広がるから，光の"先端"は球を形づくる．[したがってこのような光を球面波という.]

この球の方程式は系 K において

$$x^2+y^2+z^2 = V^2t^2 \qquad \text{(原-26)}$$

と表現される．すなわち原点を中心とし，半径 (Vt) が V の速度で広がっている球である．ここで (x,y,z) は時刻 t において光がちょうどとどいた点の座標である．

われわれはローレンツ変換を用いてこの式を ξ, η, ζ, τ で書き表すことができる．そして得られた式は系 k でみた同じ光の伝播の様子を表現する．この場合には逆変換の式が用いられる．

(Ⅳ.8-2), (Ⅳ.8-7)〜(Ⅳ.8-9) 式を (原-26) 式に代入して整理すると

$$\xi^2+\eta^2+\zeta^2 = V^2\tau^2 \qquad \text{(原-27)}$$

となる．すなわち系 k においても光はあらゆる方向に一定速度 V で広がり，したがって球面波を形づくっていることがわかる．

☞ (原-26) 式を (原-27) 式に変換することは，やり方と答がわかっているので演習問題として実施してほしい．なおその時，(原-25) 式の関係を忘れないこと．

以上により光速度不変性の原理と相対性原理が両立することは証明された．

もうひとつ，特殊な場合での証明．先ほどと同じに時刻の基準 $t=\tau=0$ を定めておく．そして系 K において時刻零のとき原点から X 軸に沿い x の値が増加する方向に向かって光が発射されたとする．このとき

$$x = Vt \qquad \text{(Ⅳ.9-1)}$$

が成立する．ただし x は時刻 t における光の位置である．

ローレンツの逆変換式 (Ⅳ.8-2) と (Ⅳ.8-7) を代入すると

$$\xi = V\tau \qquad (Ⅳ.9\text{-}2)$$

を得る．これは系 k においても光は Ξ 軸（X 軸）に沿い ξ の増加する方向に速度 V で伝播していることを表す．[第Ⅱ章 10 節で考察したように，ガリレイ変換ではこの場合，光は速度 $V-v$ となることに注意せよ．]

10. ローレンツ変換の決定 （〔参〕§3，901 ページ）

7 節においてわれわれはローレンツ変換の式を導出した．しかしそれには未知の関数 $\varphi(v)$ が含まれていた．われわれはここでそれを決定したい．

座標系 K′ の定義

すでにおなじみになった（はずの）系 K と k に加え，ここで第三の座標系 K′ を導入する．その三つの軸の名は X′, Y′, Z′ とし，また座標は x', y', z'，時間は t' で表すことにする．[ここの x' は 3 節あるいは原論文 898 ページで定義された x' とは何の関係もないので注意すること．それについては，もう忘れてしまってよい．]

座標系 K′ の X′ 軸は系 k の Ξ 軸と重なっており，かつ Y′ 軸と Z′ 軸は系 k の H 軸と Z 軸のそれぞれに平行な状態にある；そしてその座標系全体は系 k の Ξ 軸に添って速度 $-v$ で運動している．また系 K の時刻 $t=0$ において

系 K, k および K′ のすべての座標原点は一致しておりかつそのとき系 K′ の原点において時刻 t' は零であったとする.

読者はすでに気づいているかも知れないが, この系 K′ は系 K と同じものである. ここでは形式的に系 K と K′ はちがうものとして扱い数学的操作を加えるのである.

系 K′ と k を結ぶ変換式

ここで, 系 K′ と k の座標と時間を結びつける式は, 系 k と K を結びつけるローレンツ変換の式を参考にして, 簡単に導出することができる. すなわち (原-21)〜(原-24) 式において, x, y, z, t のそれぞれを ξ, η, ζ, τ に, また ξ, η, ζ, τ のそれぞれを x', y', z', t' に, さらに v を $-v$ に置き換えると*,

$$t' = \varphi(-v)\beta\left(\tau + \frac{v}{V^2}\xi\right) \qquad (\text{IV.10-1})$$

$$x' = \varphi(-v)\beta(\xi + v\tau) \qquad (\text{IV.10-2})$$

$$y' = \varphi(-v)\eta \qquad (\text{IV.10-3})$$

$$z' = \varphi(-v)\zeta \qquad (\text{IV.10-4})$$

を得る. ただし β は v を含む [すなわち v の関数 $\beta(v)$ である] から, ここでも v は $-v$ に置き換えなければなら

---

* これは系 K を系 k に, また系 k を系 K′ にみたてることと同じ内容である. ただし, 系 k は K に対して速度 v で運動しているのに対し, 系 K′ は k に対して速度 $-v$ で運動しているので v は $-v$ で置き換えるのである.

ない $[\beta(-v)]$ が，$\beta(v) = \beta(-v)$ であるから単に β と記すことにする．[原論文ではていねいに $\beta(-v)$ と記されている．]

系 K と K′ を結ぶ変換式

(Ⅳ.10-1)～(Ⅳ.10-4) 式の右辺の ξ, η, ζ, τ のところに (原-21)～(原-24) 式をそのまま代入すれば，系 K′ と K の座標と時間を結びつける変換式を得ることになる．それは簡単に実行できて

$$t' = \varphi(v)\varphi(-v)t \qquad \text{(Ⅳ.10-5)}$$
$$x' = \varphi(v)\varphi(-v)x \qquad \text{(Ⅳ.10-6)}$$
$$y' = \varphi(v)\varphi(-v)y \qquad \text{(Ⅳ.10-7)}$$
$$z' = \varphi(v)\varphi(-v)z \qquad \text{(Ⅳ.10-8)}$$

を得る．[式 (Ⅳ.10-1)～(Ⅳ.10.4) と (Ⅳ.10-5)～(Ⅳ.10-8) をまとめて表現しているのが (原-28)～(原-31) 式である．]

すでに注意したように x', y', z' および t' と x, y, z および t のそれぞれは同じものを表している．したがって (Ⅳ.10-5)～(Ⅳ.10-8) 式において

$$\varphi(v)\varphi(-v) = 1 \qquad \text{(原-32)}$$

が成立しなければならない．

運動方向に垂直な棒の長さの考察

次にわれわれは系 k の原点 $\mathrm{O}(0,0,0)$ と H 軸上の点 $\mathrm{Q}(0, l, 0)$ の間にある H 軸の部分に注目する．これは，系

K に対し，X 軸に垂直でありかつ X 軸に沿って速度 v で運動している棒である．系 k からみたこの棒の長さは l である．一方，系 K からみたこの棒の長さは (IV.8-8) 式に $\eta=0$ (点 O) および $\eta=l$ (点 Q) を代入して

$$y_Q = \frac{1}{\varphi(v)} l \qquad \text{(IV. 10-9)}$$

$$y_O = 0 \qquad \text{(IV. 10-10)}$$

であるから

$$y_Q - y_O = \frac{l}{\varphi(v)} \qquad \text{(IV. 10-11)}$$

となる．

☞ $\xi=\eta=\zeta=0$ および $\xi=\zeta=0, \eta=l$ の組を (IV.8-2)，(IV.8-7)〜(IV.8-9) 式に代入することにより，系 K からみた O と Q の座標はそれぞれ $(vt,0,0)$ および $(vt,l/\varphi(v),0)$ になることを確認せよ．

系 K からみたこの棒の長さは，棒が x の増加する方向に対し速度 v で運動していても $-v$ で運動していても変わらないはずである［対称性の考察］．したがって，

$$\frac{l}{\varphi(v)} = \frac{l}{\varphi(-v)} \qquad \text{(原-35)}$$

あるいは

$$\varphi(v) = \varphi(-v) \qquad \text{(原-36)}$$

(原-32) と (原-36) 式より

$$[\varphi(v)]^2 = 1 \qquad \text{(IV. 10-12)}$$

したがって $\varphi(v)=1$ あるいは -1 を得るが，$\varphi(0)=1$ と

ならなければいけないことを考慮すると，
$$\varphi(v) = 1 \qquad \text{(Ⅳ.10-13)}$$
である．[$\varphi(0)=1$ とは，系 k が K に対し速度零で運動しているとき（すなわち静止しているとき），系 K からみたその棒の長さは l でなければならないことを示す．(Ⅳ.10-11) 式において $v=0$ のとき $y_Q - y_O = l$ としてみよ．]

ローレンツ変換の最終形

(Ⅳ.10-13) 式を (原-21) ～ (原-24) 式に代入して

$$\tau = \beta\left(t - \frac{v}{V^2}x\right) \qquad \text{(原-37)}$$

$$\xi = \beta(x - vt) \qquad \text{(原-38)}$$

$$\eta = y \qquad \text{(原-39)}$$

$$\zeta = z \qquad \text{(原-40)}$$

を得る．これがローレンツ変換の最終形である．ついでに逆変換の式は 8 節の (Ⅳ.8-2), (Ⅳ.8-7) ～ (Ⅳ.8-9) 式において (Ⅳ.10-13) 式を用い，

$$t = \beta\left(\tau + \frac{v}{V^2}\xi\right) \qquad \text{(Ⅳ.10-14)}$$

$$x = \beta(\xi + v\tau) \qquad \text{(Ⅳ.10-15)}$$

$$y = \eta \qquad \text{(Ⅳ.10-16)}$$

$$z = \zeta \qquad \text{(Ⅳ.10-17)}$$

となる．

図の説明:

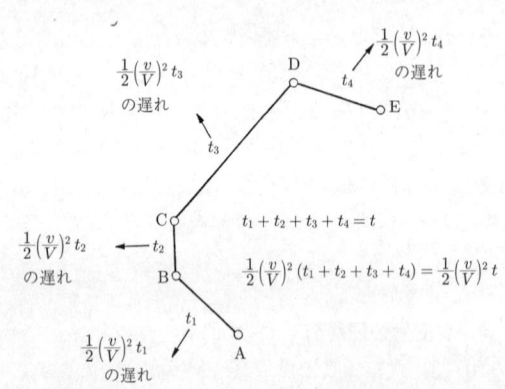

$\frac{1}{2}\left(\frac{v}{V}\right)^2 t_3$ の遅れ

$\frac{1}{2}\left(\frac{v}{V}\right)^2 t_4$ の遅れ

$\frac{1}{2}\left(\frac{v}{V}\right)^2 t_2$ の遅れ

$t_1 + t_2 + t_3 + t_4 = t$

$\frac{1}{2}\left(\frac{v}{V}\right)^2 (t_1 + t_2 + t_3 + t_4) = \frac{1}{2}\left(\frac{v}{V}\right)^2 t$

$\frac{1}{2}\left(\frac{v}{V}\right)^2 t_1$ の遅れ

折れ線に沿って A→B→C→D→E と時計が運動する．速度 v は一定，また t_1, t_2, t_3, t_4 は各線分上で時計が過ごす時間を静止している観察者が測定した値である．A から出発して E に到着するまで，静止系からみて時間が t だけ必要だったとすると，時計の遅れは静止系からみて $(v/V)^2 t/2$ となる．

図IV-5　折れ線に沿って一定速度 v で運動する時計の遅れ

11. 運動する時計の遅れの一般的意味（[参] §4, 904 ページ）

時計が一定の速度 v と方向（原論文では系 K の X 軸方向）で運動しているとすれば，静止系からみてその指示する時刻は（4次およびそれより高次の項を除けば），静止系の時間 1 秒あたり $(v/V)^2/2$ 秒だけ遅れることが導出されている［原論文 904 ページ］．これは時計が任意の折れ線に沿って進む場合も成立する．

図Ⅳ-5において時計が折れ線 A→B→C→D→E に沿って一定速度 v で動くとする．このとき，AB を運動するときは A を系 K の原点，また AB を系 K の X 軸方向と考え，時計が A から B まで運動する時間は静止系で測った場合 t_1 であったとすると，A を出発するとき静止系の時計と同じ指示をしていた時計は B に到着したとき静止系の時計に対し $(v/V)^2 t_1/2$ だけ遅れている．

以下同様にして BC, CD, DE 上での考察をし，時計が A を出発して E に到着するまでに要した時間の総計は静止系で測定して t であったとすると，運動した時計は結局 $(v/V)^2 t/2$ だけ遅れることになる．

12. 速度の加法定理（〔参〕§5, 905ページ）

系 K の X 軸に沿って速度 v で運動する系 k において，ある点が次の方程式にしたがって運動する：

$$\xi = w_\xi \tau \qquad \text{(原-48)}$$
$$\eta = w_\eta \tau \qquad \text{(原-49)}$$
$$\zeta = 0 \qquad \text{(原-50)}$$

ここで，w_ξ と w_η は時間と位置に依存しない定数である．系 k におけるこの点の運動は次のように理解することができる［図Ⅳ-6］．すなわち，点は系 k に対し一定速度 w で α の方向に運動する．この $\boldsymbol{w}$ の Ξ 成分および H 成分がそれぞれ w_ξ および w_η である．あるいは，系 k におけるその点の速度ベクトルは $\boldsymbol{w} = (w_\xi, w_\eta, 0)$ であり，かつ

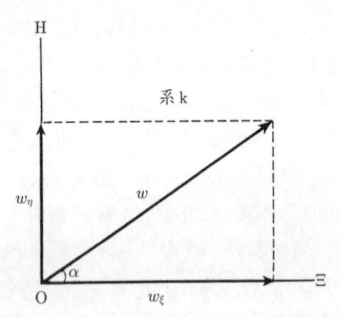

速度の大きさは $w(=\sqrt{w_\xi{}^2+w_\eta{}^2})$, 方向は角度 α で表される. w_ξ および w_η は, それぞれ速度 w の Ξ および H 成分である.

図Ⅳ-6 系 k からみた着目している点の運動

その大きさは, $|\boldsymbol{w}|=w$ である. なお, この運動は Ξ 軸と H 軸とを含む平面内に限られる [(原-50) 式参照].

われわれはこの点の系 K に対する運動を求める. それには (原-48)〜(原-50) の各式に (原-37)〜(原-40) 式を代入し, 方程式を x,y,z,t で書き表せばよい. それはただちに実行できて

$$x = \frac{w_\xi + v}{1+\dfrac{vw_\xi}{V^2}}t \tag{原-51}$$

$$y = \frac{\sqrt{1-\left(\dfrac{v}{V}\right)^2}}{1+\dfrac{vw_\xi}{V^2}}w_\eta t \tag{原-52}$$

$$z = 0 \tag{原-53}$$

を得る.

一方,(原-48)〜(原-50)式にガリレイ変換[第II章2節の (II.2-1)〜(II.2-4) 式;ただし, x', y', z', t' はそれぞれ ξ, η, ζ, τ という記号に書きなおすこと]を適用し系Kに対する運動を求めると,

$$x = (w_\xi + v)t \quad \text{(IV.12-1)}$$
$$y = w_\eta t \quad \text{(IV.12-2)}$$
$$z = 0 \quad \text{(IV.12-3)}$$

を得る.すなわち,着目している点の運動は系kにおいてΞ軸(X軸)方向に w_ξ の速度成分をもち,また系k自体は系KのX軸方向に速度 v で運動しているのだから,系Kからみた点の運動の速度のX成分は $(w_\xi + v)$,すなわち速度のたし算が成立する[(IV.12-1)式].[なお,系kはKに対し速度のY成分およびZ成分はもたないので,(IV.12-2)および(IV.12-3)式は直観的にも明らかであろう.]

ところが,われわれの(原-51)式においては速度のたし算は成立していない.しかしながら系kのKに対する速度 v が光速度にくらべて無視できるほどに小さいと考え,(原-51)〜(原-53)式において $v^2/V^2 \approx 0$ および $vw_\xi/V^2 \approx 0$ とすると,それらの式は(IV.12-1)〜(IV.12-3)式になる.この事情を,速度のたし算(すなわち平行四辺形の法則——第I章4節参照)はわれわれの理論によれば一次近似においてのみ成立するという.

(原-51)および(原-52)式より,系Kでみた速度のX成分およびY成分はそれぞれ

$$w_\mathrm{x}\left(=\frac{\mathrm{d}x}{\mathrm{d}t}\right)=\frac{w_\xi+v}{1+\dfrac{vw_\xi}{V^2}} \qquad \text{(Ⅳ.12-4)}$$

および

$$w_\mathrm{y}\left(=\frac{\mathrm{d}y}{\mathrm{d}t}\right)=\frac{\sqrt{1-\left(\dfrac{v}{V}\right)^2}}{1+\dfrac{vw_\xi}{V^2}}w_\eta \qquad \text{(Ⅳ.12-5)}$$

となる．また，それらを成分とする速度ベクトルの大きさを U とすると（図Ⅳ-7参照），

$$U^2=w_\mathrm{x}{}^2+w_\mathrm{y}{}^2\left[=\left(\frac{\mathrm{d}x}{\mathrm{d}t}\right)^2+\left(\frac{\mathrm{d}y}{\mathrm{d}t}\right)^2\right] \qquad \text{(原-54)}$$

であり，これは系 K からみた着目する点の速度の大きさを表す．さらに，図Ⅳ-6を参照して，

$$w_\xi=w\cos\alpha \qquad \text{(Ⅳ.12-6)}$$
$$w_\eta=w\sin\alpha \qquad \text{(Ⅳ.12-7)}$$

を得る．

これらの式をもとにわれわれは，系 k に対する点の速度 w と系 k の K に対する速度 v を用いて，系 K に対する点の速度の大きさ U を表すことができる．まず，(原-54) 式に (Ⅳ.12-4) および (Ⅳ.12-5) 式を代入して

$$U^2=\frac{(w_\xi+v)^2+(1-v^2/V^2)w_\eta{}^2}{(1+vw_\xi/V^2)^2} \qquad \text{(Ⅳ.12-8)}$$

この式の右辺に (Ⅳ.12-6) および (Ⅳ.12-7) 式を代入し整理すると，この式の分子は

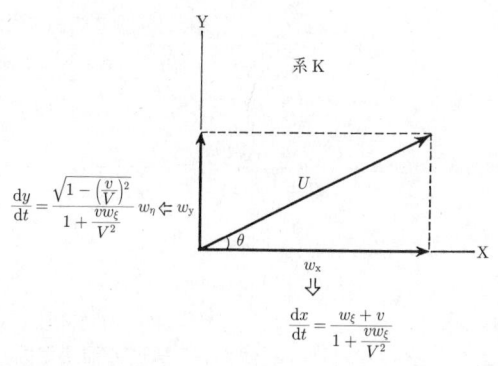

$$\frac{\mathrm{d}y}{\mathrm{d}t} = \frac{\sqrt{1-\left(\frac{v}{V}\right)^2}}{1+\frac{vw_\xi}{V^2}} w_\eta \Leftarrow w_y$$

$$\frac{\mathrm{d}x}{\mathrm{d}t} = \frac{w_\xi + v}{1+\frac{vw_\xi}{V^2}}$$

速度の大きさは $U(=\sqrt{w_x{}^2+w_y{}^2})$, 方向は角度 θ で表される.

図IV-7 系 K からみた着目している点の運動

$$\text{分子} = [v^2 + (\cos^2\alpha + \sin^2\alpha)w^2 + 2vw\cos\alpha] - \left(\frac{vw\sin\alpha}{V}\right)^2 \quad \text{(IV.12-9)}$$

となる.ここで三角法における一般公式 $\cos^2\alpha + \sin^2\alpha = 1$ [第Ⅰ章 5 節の (I.5-15) 式参照] を用いると,

$$\text{分子} = (v^2 + w^2 + 2vw\cos\alpha) - \left(\frac{vw\sin\alpha}{V}\right)^2$$

(IV.12-10)

したがって,(IV.12-8) 式は

$$U = \frac{\sqrt{(v^2+w^2+2vw\cos\alpha) - \left(\frac{vw\sin\alpha}{V}\right)^2}}{1+\frac{vw\cos\alpha}{V^2}} \quad \text{(原-57)}$$

となる．ここで，w は X 軸（Ξ 軸）の方向であるとすると，$\alpha=0$ であるから（図IV-6参照），$\cos\alpha=1$ かつ $\sin\alpha=0$；したがって（原-57）式は

$$U = \frac{\sqrt{v^2+w^2+2vw}}{1+\dfrac{vw}{V^2}} = \frac{v+w}{1+\dfrac{vw}{V^2}} \qquad (原\text{-}58)$$

となる．ここでは因数分解の一般公式

$$v^2+w^2+2vw = (v+w)^2 \qquad (\text{IV.}12\text{-}11)$$

を用いた．

　（原-58）式は相対性理論における速度の加法規則を表す．われわれはすでに古典力学（ガリレイ変換）において速度の加法規則は，

$$U = v+w \qquad (\text{IV.}12\text{-}12)$$

となることを学んだ［第II章6節］．（原-58）式は，系 k の K に対する速度 v が光速度 V にくらべて無視できる（$vw/V^2 \approx 0$）と考えると，(IV.12-12) 式と一致する．

13. ローレンツ変換を2回続けて実施することによる速度の加法定理の導出（〔参〕§5, 906ページ）

　系 k の Ξ 軸に沿って速度 w で運動する点は系 K からみると速度

$$U = \frac{v+w}{1+\dfrac{vw}{V^2}} \qquad (原\text{-}58)$$

で運動している．この式をローレンツ変換の操作のみで導

出してみよう．このやり方は，ガリレイ変換について第II章6節の後半で行ったものと同じ考え方に基づく．ただし計算自体はそれよりも少し複雑である．

まず系kのΞ軸に沿って速度wで運動する系k′を想定する．このとき，着目している点は系k′に対して静止している．系k′の座標と時間を$\xi', \eta', \zeta', \tau'$という記号で表すことにすると，系k′とkを結びつけるローレンツ変換の式は，(原-37)〜(原-41)式を参考にして

$$\tau' = \beta'\left(\tau - \frac{w}{V^2}\xi\right) \quad \text{(IV.13-1)}$$

$$\xi' = \beta'(\xi - w\tau) \quad \text{(IV.13-2)}$$

$$\eta' = \eta \quad \text{(IV.13-3)}$$

$$\zeta' = \zeta \quad \text{(IV.13-4)}$$

ここで，

$$\beta' = \frac{1}{\sqrt{1 - \left(\dfrac{w}{V}\right)^2}} \quad \text{(IV.13-5)}$$

となる．これは(原-37)〜(原-41)式においてξ, η, ζ, τをそれぞれ$\xi', \eta', \zeta', \tau'$とし，$x, y, z, t$をそれぞれ$\xi, \eta, \zeta, \tau$とした（すなわち，系k′を系kに，また系kを系Kにみたてる）ことと同じである．ただし，系kに対し系k′は速度vではなくwで運動しているのでvをwに置き換えてある．

(IV.13-1)〜(IV.13-4)式の右辺のξ, η, ζ, τのところに(原-37)〜(原-40)式を代入すれば，われわれは系k′と

Kを結びつけるローレンツ変換の式を得る．これが当面われわれの求めているものである．

まず，(Ⅳ.13-1) 式に (原-37) および (原-38) 式を代入し t と x について整理すると，

$$\tau' = \beta\beta' \left(1+\frac{vw}{V^2}\right)\left[t-\left(\frac{v+w}{1+\dfrac{vw}{V^2}}\right)\cdot\frac{x}{V^2}\right] \quad \text{(Ⅳ.13-6)}$$

を得る．ここで，

$$\beta\beta'\left(1+\frac{vw}{V^2}\right) = \frac{\left(1+\dfrac{vw}{V^2}\right)}{\sqrt{\left(1-\dfrac{v^2}{V^2}\right)\left(1-\dfrac{w^2}{V^2}\right)}} \quad \text{(Ⅳ.13-7)}$$

の分母の根号（ルート）の中は次のように変形することができる．すなわち，

$$\begin{aligned}\left(1-\frac{v^2}{V^2}\right)&\left(1-\frac{w^2}{V^2}\right)\\ &= 1+\frac{v^2w^2}{V^4}-\frac{v^2+w^2}{V^2}\\ &= 1+2\frac{vw}{V^2}+\frac{v^2w^2}{V^4}-2\frac{vw}{V^2}-\frac{v^2+w^2}{V^2}\\ &= \left(1+\frac{vw}{V^2}\right)^2-\frac{(v+w)^2}{V^2}\quad\text{(Ⅳ.13-8)}\end{aligned}$$

（波線部の変形に注意！）この式を (Ⅳ.13-7) 式に代入して

$$\beta\beta'\left(1+\frac{vw}{V^2}\right) = \frac{\left(1+\dfrac{vw}{V^2}\right)}{\sqrt{\left(1+\dfrac{vw}{V^2}\right)^2 - \dfrac{(v+w)^2}{V^2}}}$$

$$= \frac{1}{\sqrt{1-\dfrac{1}{V^2}\left(\dfrac{v+w}{1+\dfrac{vw}{V^2}}\right)^2}}$$

(Ⅳ. 13-9)

これより (Ⅳ. 13-6) 式は

$$\tau' = \frac{1}{\sqrt{1-\dfrac{1}{V^2}\left(\dfrac{v+w}{1+\dfrac{vw}{V^2}}\right)^2}} \cdot \left[t - \left(\dfrac{v+w}{1+\dfrac{vw}{V^2}}\right) \cdot \dfrac{x}{V^2}\right]$$

(Ⅳ. 13-10)

となる.

一方, ξ' については (Ⅳ.13-2) 式に (原-37) および (原-38) 式を代入し x と t について整理すると

$$\xi' = \beta\beta'\left(1+\dfrac{vw}{V^2}\right)\left[x - \left(\dfrac{v+w}{1+\dfrac{vw}{V^2}}\right)t\right]$$

(Ⅳ. 13-11)

(Ⅳ. 13-9) 式を用いると,

$$\xi' = \frac{1}{\sqrt{1-\frac{1}{V^2}\left(\frac{v+w}{1+\frac{vw}{V^2}}\right)^2}} \cdot \left[x - \left(\frac{v+w}{1+\frac{vw}{V^2}}\right)t\right]$$

(Ⅳ.13-12)

となる.

η' と ζ' については簡単で,(Ⅳ.13-3),(Ⅳ.13-4) および (原-39),(原-40) 式より

$$\eta' = y \qquad \text{(Ⅳ.13-13)}$$

および

$$\zeta' = z \qquad \text{(Ⅳ.13-14)}$$

を得る.

(Ⅳ.13-10),(Ⅳ.13-12)〜(Ⅳ.13-14) 式 を (原-37)〜(原-41) 式と比較すると,後者における v を

$$\frac{v+w}{1+\frac{vw}{V^2}} \qquad \text{(原-61)}$$

で置き換えたものが前者に対応していることがわかる.このことは,系 k′ に対して静止している点を系 K からながめると (原-61) 式で与えられる速度で運動していることを意味する.これは (原-58) 式の主張と一致する.

14. マクスウェル方程式の変換(ⅰ):系 K から k へ

([参] §6, 907 ページ)

真空に関するマクスウェル方程式は系 K において次の

ように書くことができる. すなわち,

$$\frac{1}{V}\frac{\partial X}{\partial t} = \frac{\partial N}{\partial y} - \frac{\partial M}{\partial z}, \quad \frac{1}{V}\frac{\partial L}{\partial t} = \frac{\partial Y}{\partial z} - \frac{\partial Z}{\partial y}$$

(原-62) (原-65)

$$\frac{1}{V}\frac{\partial Y}{\partial t} = \frac{\partial L}{\partial z} - \frac{\partial N}{\partial x}, \quad \frac{1}{V}\frac{\partial M}{\partial t} = \frac{\partial Z}{\partial x} - \frac{\partial X}{\partial z}$$

(原-63) (原-66)

$$\frac{1}{V}\frac{\partial Z}{\partial t} = \frac{\partial M}{\partial x} - \frac{\partial L}{\partial y}, \quad \frac{1}{V}\frac{\partial N}{\partial t} = \frac{\partial X}{\partial y} - \frac{\partial Y}{\partial x}$$

(原-64) (原-67)

ここで X, Y, Z のそれぞれは電気力のベクトル $\boldsymbol{E}$ の成分, L, M, N のそれぞれは磁気力のベクトル $\boldsymbol{H}$ の成分を表す. さらに, 補足条件として,

$$\frac{\partial X}{\partial x} + \frac{\partial Y}{\partial y} + \frac{\partial Z}{\partial z} = 0, \quad \frac{\partial L}{\partial x} + \frac{\partial M}{\partial y} + \frac{\partial N}{\partial z} = 0$$

(Ⅳ.14-1) (Ⅳ.14-2)

の2式が必要である. われわれはローレンツ変換の式 (原-37)~(原-40) を用いて以上の式を系 k に変換する.

準 備

τ と ξ のそれぞれは t および x (のみ) の関数である. そして, η と ζ は t と x に依存しない. そこで, 第Ⅰ章10節に与えられている公式 (Ⅰ.10-12) および (Ⅰ.10-11) を引用して

$$\frac{\partial}{\partial t} = \frac{\partial \tau}{\partial t} \cdot \frac{\partial}{\partial \tau} + \frac{\partial \xi}{\partial t} \cdot \frac{\partial}{\partial \xi} \qquad \text{(IV. 14-3)}$$

$$\frac{\partial}{\partial x} = \frac{\partial \xi}{\partial x} \cdot \frac{\partial}{\partial \xi} + \frac{\partial \tau}{\partial x} \cdot \frac{\partial}{\partial \tau} \qquad \text{(IV. 14-4)}$$

と書くことができる．(原-37) 式より

$$\frac{\partial \tau}{\partial t} = \beta \quad \text{(IV. 14-5)}, \quad \frac{\partial \tau}{\partial x} = -\frac{\beta v}{V^2} \qquad \text{(IV. 14-6)}$$

また (原-38) 式より

$$\frac{\partial \xi}{\partial t} = -\beta v \quad \text{(IV. 14-7)}, \quad \frac{\partial \xi}{\partial x} = \beta \qquad \text{(IV. 14-8)}$$

が得られ，これらを (IV. 14-3) および (IV. 14-4) 式に代入すると

$$\frac{\partial}{\partial t} = \beta \frac{\partial}{\partial \tau} - \beta v \frac{\partial}{\partial \xi} \qquad \text{(IV. 14-9)}$$

$$\frac{\partial}{\partial x} = \beta \frac{\partial}{\partial \xi} - \frac{\beta v}{V^2} \frac{\partial}{\partial \tau} \qquad \text{(IV. 14-10)}$$

さらに (原-39) および (原-40) 式より

$$\frac{\partial}{\partial y} = \frac{\partial}{\partial \eta} \qquad \text{(IV. 14-11)}$$

$$\frac{\partial}{\partial z} = \frac{\partial}{\partial \zeta} \qquad \text{(IV. 14-12)}$$

が得られる．(IV. 14-9)～(IV. 14-12) 式を (原-62)～(原-67) および (IV. 14-1), (IV. 14-2) 式に適用することにより x, y, z, t を ξ, η, ζ, τ に変換し，系 k に関するマクスウェル方程式を得ることができる．

(原-62) 式の変換あるいは "メンドーな変換"

まず，(IV.14-1) 式に (IV.14-10)〜(IV.14-12) 式を代入して，

$$\left(\beta\frac{\partial}{\partial \xi} - \frac{\beta v}{V^2}\frac{\partial}{\partial \tau}\right)X + \frac{\partial Y}{\partial \eta} + \frac{\partial Z}{\partial \zeta} = 0 \quad \text{(IV.14-13)}$$

括弧をはずして整理すると

$$\beta\frac{\partial X}{\partial \xi} + \frac{\partial Y}{\partial \eta} + \frac{\partial Z}{\partial \zeta} - \frac{\beta v}{V^2}\frac{\partial X}{\partial \tau} = 0 \quad \text{(IV.14-14)}$$

を得る．同様に，(IV.14-2) 式に (IV.14-10)〜(IV.14-12) 式を代入して

$$\beta\frac{\partial L}{\partial \xi} + \frac{\partial M}{\partial \eta} + \frac{\partial N}{\partial \zeta} - \frac{\beta v}{V^2}\frac{\partial L}{\partial \tau} = 0 \quad \text{(IV.14-15)}$$

以上で準備は終わる．いよいよこれからが本番である．

(原-62) 式に (IV.14-9)，(IV.14-11) および (IV.14-12) 式を代入すると，

$$\frac{1}{V}\left(\beta\frac{\partial}{\partial \tau} - \beta v\frac{\partial}{\partial \xi}\right)X = \frac{\partial N}{\partial \eta} - \frac{\partial M}{\partial \zeta} \quad \text{(IV.14-16)}$$

括弧をはずして

$$\frac{1}{V}\beta\frac{\partial X}{\partial \tau} - \frac{1}{V}\beta v\frac{\partial X}{\partial \xi} = \frac{\partial N}{\partial \eta} - \frac{\partial M}{\partial \zeta} \quad \text{(IV.14-17)}$$

これで (原-62) 式の t, y, z (系Kの変数) は τ, ξ, η, ζ (系kの変数) に書きなおされたので変換はひとまず終了である．ところがわれわれには相対性原理があり，それは系Kにおいて成立する法則は系kにおいても同じ形で成立することを要求している．そこで，(原-62) と (IV.

14-17)式とを比較してみるとずいぶん形が変わっている．その基本的なちがいは，(原-62) 式は変数 t, y, z の偏微分で表されており，したがってそれが系 k へ変換されたとき，それに対応して，τ, η, ζ のみで表されなければならないはずなのに (Ⅳ.14-17) 式では ξ まで現れているからである．それならば ξ を消してしまおう．それには (Ⅳ.14-14) 式を用いればよい．

(Ⅳ.14-14) 式で移項して，

$$\beta \frac{\partial X}{\partial \xi} = \frac{\beta v}{V^2} \frac{\partial X}{\partial \tau} - \frac{\partial Y}{\partial \eta} - \frac{\partial Z}{\partial \zeta} \quad (\text{Ⅳ.14-18})$$

これを (Ⅳ.14-17) に代入すると，

$$\frac{1}{V} \beta \frac{\partial X}{\partial \tau} - \frac{1}{V} v \left(\frac{\beta v}{V^2} \frac{\partial X}{\partial \tau} - \frac{\partial Y}{\partial \eta} - \frac{\partial Z}{\partial \zeta} \right) = \frac{\partial N}{\partial \eta} - \frac{\partial M}{\partial \zeta}$$

$$(\text{Ⅳ.14-19})$$

括弧をはずして整理すると，

$$\frac{1}{V} \beta \left(1 - \frac{v^2}{V^2}\right) \frac{\partial X}{\partial \tau}$$
$$= \frac{\partial}{\partial \eta} \left(N - \frac{v}{V} Y\right) - \frac{\partial}{\partial \zeta} \left(M + \frac{v}{V} Z\right) \quad (\text{Ⅳ.14-20})$$

ここで (原-41) 式を思い出すと

$$\beta \left(1 - \frac{v^2}{V^2}\right) = \beta \frac{1}{\beta^2} = \frac{1}{\beta} \quad (\text{Ⅳ.14-21})$$

これを (Ⅳ.14-20) 式で用いると，

$$\frac{1}{V\beta}\frac{\partial X}{\partial \tau} = \frac{\partial}{\partial \eta}\left(N - \frac{v}{V}Y\right) - \frac{\partial}{\partial \zeta}\left(M + \frac{v}{V}Z\right)$$

(Ⅳ.14-22)

両辺に β をかけて

$$\frac{1}{V}\frac{\partial X}{\partial \tau} = \frac{\partial}{\partial \eta}\left[\beta\left(N - \frac{v}{V}Y\right)\right] - \frac{\partial}{\partial \zeta}\left[\beta\left(M + \frac{v}{V}Z\right)\right]$$

(原-68)

この式を（原-62）式と比較するとかなりよく似てきたことがわかるだろう．そして残されたちがいについては原論文で考察されるであろう［908ページ］．ずいぶん手間がかかったけれど，これで（原-62）式に関する変換は終了；このやり方を以降この節では"メンドーな変換"と呼ぶことにする．

（原-63）式の変換あるいは"カンタンな変換"

次に（原-63）式の変換に移る．これは比較的に簡単なのでうんざりすることはない．(Ⅳ.14-9), (Ⅳ.14-10) および (Ⅳ.14-12) 式を（原-63）式に代入すると，

$$\frac{1}{V}\left(\beta\frac{\partial}{\partial \tau} - \beta v\frac{\partial}{\partial \xi}\right)Y = \frac{\partial L}{\partial \zeta} - \left(\beta\frac{\partial}{\partial \xi} - \frac{\beta v}{V^2}\frac{\partial}{\partial \tau}\right)N$$

(Ⅳ.14-23)

括弧をはずして整理すると，

$$\frac{1}{V}\frac{\partial}{\partial \tau}\left[\beta\left(Y - \frac{v}{V}N\right)\right] = \frac{\partial L}{\partial \zeta} - \frac{\partial}{\partial \xi}\left[\beta\left(N - \frac{v}{V}Y\right)\right]$$

(原-69)

これで終了である．[この式を（原-63）式と比較してみよ．] このやり方を以降この節では"カンタンな変換"と呼ぶことにする．

残りの式の変換

（原-64）式は (IV.14-9)～(IV.14-11) 式を用い"カンタンな変換"で

$$\frac{1}{V}\frac{\partial}{\partial \tau}\left[\beta\left(Z+\frac{v}{V}M\right)\right] = \frac{\partial}{\partial \xi}\left[\beta\left(M+\frac{v}{V}Z\right)\right] - \frac{\partial L}{\partial \eta}$$

（原-70）

と変形される．

（原-65）式は"メンドーな変換"が必要である．ただしそのとき（原-62）式の場合とは異なり (IV.14-14) 式の代わりに (IV.14-15) 式を用い，したがって (IV.14-18) 式の代わりに

$$\beta\frac{\partial L}{\partial \xi} = \frac{\beta v}{V^2}\frac{\partial L}{\partial \tau} - \frac{\partial M}{\partial \eta} - \frac{\partial N}{\partial \zeta} \quad \text{(IV.14-24)}$$

を用いる．その結果

$$\frac{1}{V}\frac{\partial L}{\partial \tau} = \frac{\partial}{\partial \zeta}\left[\beta\left(Y-\frac{v}{V}N\right)\right] - \frac{\partial}{\partial \eta}\left[\beta\left(Z+\frac{v}{V}M\right)\right]$$

（原-71）

を得る．

残った（原-66）および（原-67）式は"カンタンな変換"をまねて，それぞれ

$$\frac{1}{V}\frac{\partial}{\partial \tau}\left[\beta\left(M+\frac{v}{V}Z\right)\right] = \frac{\partial}{\partial \xi}\left[\beta\left(Z+\frac{v}{V}M\right)\right] - \frac{\partial X}{\partial \zeta}$$
(原-72)

および

$$\frac{1}{V}\frac{\partial}{\partial \tau}\left[\beta\left(N-\frac{v}{V}Y\right)\right] = \frac{\partial X}{\partial \eta} - \frac{\partial}{\partial \xi}\left[\beta\left(Y-\frac{v}{V}N\right)\right]$$
(原-73)

となる．

補足条件式の変換

なおついでに (Ⅳ.14-1) 式を変換した (Ⅳ.14-14) 式は $(\partial X/\partial \tau)$ のところに (原-68) 式を代入して

$$\beta\frac{\partial X}{\partial \xi} + \frac{\partial Y}{\partial \eta} + \frac{\partial Z}{\partial \zeta} - \frac{\beta v}{V}\left[\frac{\partial}{\partial \eta}\left\{\beta\left(N-\frac{v}{V}Y\right)\right\} - \frac{\partial}{\partial \zeta}\left\{\beta\left(M+\frac{v}{V}Z\right)\right\}\right] = 0 \quad \text{(Ⅳ.14-25)}$$

整理すると，

$$\beta\frac{\partial X}{\partial \xi} + \frac{\partial}{\partial \eta}\left[\left(1+\beta^2\frac{v^2}{V^2}\right)Y - \beta^2\frac{v}{V}N\right] + \frac{\partial}{\partial \zeta}\left[\left(1+\beta^2\frac{v^2}{V^2}\right)Z + \beta^2\frac{v}{V}M\right] = 0 \quad \text{(Ⅳ.14-26)}$$

われわれが8節で導出した公式

$$1+\frac{v^2}{V^2}\beta^2 = \beta^2 \quad \text{(Ⅳ.8-5)}$$

を用いると，(Ⅳ.14-26) 式は

$$\beta\frac{\partial X}{\partial \xi}+\frac{\partial}{\partial \eta}\left[\beta^2\left(Y-\frac{v}{V}N\right)\right]$$
$$+\frac{\partial}{\partial \zeta}\left[\beta^2\left(Z+\frac{v}{V}M\right)\right]=0 \quad \text{(Ⅳ.14-27)}$$

両辺を β で割って

$$\frac{\partial X}{\partial \xi}+\frac{\partial}{\partial \eta}\left[\beta\left(Y-\frac{v}{V}N\right)\right]+\frac{\partial}{\partial \zeta}\left[\beta\left(Z+\frac{v}{V}M\right)\right]=0$$
$$\text{(Ⅳ.14-28)}$$

同様にして (Ⅳ.14-2) 式は (Ⅳ.14-15) 式の $(\partial L/\partial \tau)$ のところに (原-71) 式を代入し,また公式 (Ⅳ.8-5) を用いることにより

$$\frac{\partial L}{\partial \xi}+\frac{\partial}{\partial \eta}\left[\beta\left(M+\frac{v}{V}Z\right)\right]+\frac{\partial}{\partial \zeta}\left[\beta\left(N-\frac{v}{V}Y\right)\right]=0$$
$$\text{(Ⅳ.14-29)}$$

となる.

少し先走ることになるが,(原-81)〜(原-86) 式 [原論文 908 ページ] を考慮すれば,(Ⅳ.14-28) および (Ⅳ.14-29) 式はそれぞれ,

$$\frac{\partial X'}{\partial \xi}+\frac{\partial Y'}{\partial \eta}+\frac{\partial Z'}{\partial \zeta}=0 \quad \text{(Ⅳ.14-30)}$$

および

$$\frac{\partial L'}{\partial \xi}+\frac{\partial M'}{\partial \eta}+\frac{\partial N'}{\partial \zeta}=0 \quad \text{(Ⅳ.14-31)}$$

と等価である.

15. マクスウェル方程式の変換 (ii)：$\Psi(v)\cdot\Psi(-v) = 1$ の導出（〔参〕§6, 909 ページ）

われわれはマクスウェル方程式にローレンツ変換を適用し，系 K における電気力 (X,Y,Z) および磁気力 (L,M,N) を系 k における電気力 (X',Y',Z') および磁気力 (L',M',N') に変換する式を導出した．すなわち，

$$X' = \Psi(v)X, \qquad\qquad L' = \Psi(v)L$$

（原-81）（原-84）

$$Y' = \Psi(v)\beta\left(Y - \frac{v}{V}N\right), \quad M' = \Psi(v)\beta\left(M + \frac{v}{V}Z\right)$$

（原-82）（原-85）

$$Z' = \Psi(v)\beta\left(Z + \frac{v}{V}M\right), \quad N' = \Psi(v)\beta\left(N - \frac{v}{V}Y\right)$$

（原-83）（原-86）

ここでは (X',Y',Z') および (L',M',N') のそれぞれが (X,Y,Z) および (L,M,N) で表されている．本節の目的はこれらの式における未知の関数 $\Psi(v)$ を決定することである．

われわれはここで，上に並んだ式とは逆に，(X,Y,Z) および (L,M,N) のそれぞれを (X',Y',Z') および (L',M',N') で表す式を求める．

その 1

その一つのやり方は，(原-81)〜(原-86) 式を連立方程式とみなし (X, Y, Z) および (L, M, N) について解くことである．これについては読者が各自勝手に実行してくれればよい．以下は一つの解き方の例であるが，一部の読者にはかえってわずらわしいであろう．その場合には本文を 213 ページまでとばし，そこにでてくる (Ⅳ.15-14)〜(Ⅳ.15-19) 式が自分の結果と一致することを確認して次へ進んでよい．

まず，(原-81) と (原-84) 式よりただちに

$$X = \frac{1}{\Psi} X' \qquad \text{(Ⅳ.15-1)}$$

$$L = \frac{1}{\Psi} L' \qquad \text{(Ⅳ.15-2)}$$

を得る．なおここで $\Psi(v)$ は簡単のため Ψ と記した．[以下とくに断わりなくこうするから注意せよ．]

次に，(原-82) 式の両辺に v/V をかけ (原-86) 式と辺々加えると，

$$\frac{v}{V} Y' = \Psi \beta \left(\frac{v}{V} Y - \frac{v^2}{V^2} N \right)$$

$$+)\ N' = \Psi \beta \left(N - \frac{v}{V} Y \right)$$

$$\overline{\frac{v}{V} Y' + N' = \Psi \beta \left(N - \frac{v^2}{V^2} N \right)}$$

$$= \Psi \beta N \left(1 - \frac{v^2}{V^2} \right) = \Psi \beta N \frac{1}{\beta^2} = \frac{\Psi N}{\beta} \qquad \text{(Ⅳ.15-3)}$$

これより

$$N = \frac{\beta}{\Psi}\left(N' + \frac{v}{V}Y'\right) \qquad (\text{IV. 15-4})$$

(原-82) 式より

$$\Psi\beta Y = Y' + \Psi\beta\frac{v}{V}N \qquad (\text{IV. 15-5})$$

これに (IV. 15-4) 式を代入して

$$\Psi\beta Y = Y' + \Psi\beta\frac{v}{V}\left[\frac{\beta}{\Psi}\left(N' + \frac{v}{V}Y'\right)\right]$$
$$= \left(1 + \beta^2\frac{v^2}{V^2}\right)Y' + \beta^2\frac{v}{V}N' \qquad (\text{IV. 15-6})$$

8 節で導出した公式

$$1 + \beta^2\frac{v^2}{V^2} = \beta^2 \qquad (\text{IV. 8-5})$$

を用いて

$$\Psi\beta Y = \beta^2 Y' + \beta^2\frac{v}{V}N' \qquad (\text{IV. 15-7})$$

これより,

$$Y = \frac{\beta}{\Psi}\left(Y' + \frac{v}{V}N'\right) \qquad (\text{IV. 15-8})$$

さらに, (原-83) 式の両辺に v/V をかけそれを (原-85) 式から辺々差し引くと,

$$M' = \Psi\beta\left(M + \frac{v}{V}Z\right)$$

$$-)\quad \frac{v}{V}Z' = \Psi\beta\left(\frac{v}{V}Z + \frac{v^2}{V^2}M\right)$$

$$\overline{M' - \frac{v}{V}Z' = \Psi\beta\left(M - \frac{v^2}{V^2}M\right)}$$

$$= \Psi\beta M\left(1 - \frac{v^2}{V^2}\right) = \Psi\beta M \frac{1}{\beta^2} = \frac{\Psi M}{\beta} \qquad (\text{IV. 15-9})$$

これより

$$M = \frac{\beta}{\Psi}\left(M' - \frac{v}{V}Z'\right) \qquad (\text{IV. 15-10})$$

最後に，(原-83) 式より

$$\Psi\beta Z = Z' - \Psi\beta\frac{v}{V}M \qquad (\text{IV. 15-11})$$

これに (IV. 15-10) 式を代入して公式 (IV. 8-5) を用いると，

$$\Psi\beta Z = \beta^2\left(Z' - \frac{v}{V}M'\right) \qquad (\text{IV. 15-12})$$

これより

$$Z = \frac{\beta}{\Psi}\left(Z' - \frac{v}{V}M'\right) \qquad (\text{IV. 15-13})$$

を得る．

以上得られた式 (IV. 15-1), (IV. 15-2), (IV. 15-4), (IV. 15-8), (IV. 15-10), (IV. 15-13) において，Ψ を $\Psi(v)$ と書きなおし順番をそろえて再び列記すると，

$$X = \frac{1}{\Psi(v)} X' \tag{IV.15-14}$$

$$Y = \frac{1}{\Psi(v)} \beta \left(Y' + \frac{v}{V} N' \right) \tag{IV.15-15}$$

$$Z = \frac{1}{\Psi(v)} \beta \left(Z' - \frac{v}{V} M' \right) \tag{IV.15-16}$$

$$L = \frac{1}{\Psi(v)} L' \tag{IV.15-17}$$

$$M = \frac{1}{\Psi(v)} \beta \left(M' - \frac{v}{V} Z' \right) \tag{IV.15-18}$$

$$N = \frac{1}{\Psi(v)} \beta \left(N' + \frac{v}{V} Y' \right) \tag{IV.15-19}$$

となる.

その2

(X, Y, Z) および (L, M, N) のそれぞれを (X', Y', Z') および (L', M', N') で表すもう一つの方法は，(原-81)〜(原-86) 式を参考にして系 k の Ξ 軸方向に対し速度 $-v$ で運動する系 [すなわち実は系 K] へ (X', Y', Z') および (L', M', N') を変換することである．図式的に示すと次のようになる．すなわち，

(原 81)〜(原-86) の式： $\begin{matrix}(X, Y, Z) \\ (L, M, N)\end{matrix} \underset{v}{\overset{\text{変換}}{\Longrightarrow}} \begin{matrix}(X', Y', Z') \\ (L', M', N')\end{matrix}$

今度欲しい式： $\begin{matrix}(X', Y', Z') \\ (L', M', N')\end{matrix} \underset{-v}{\overset{\text{変換}}{\Longrightarrow}} \begin{matrix}(X, Y, Z) \\ (L, M, N)\end{matrix}$

これより，求める式は (原-81)〜(原-86) 式においてプ

ライム (′) のついていないものにプライムをつけ, プライムのついているものはとり, かつ速度 v を $-v$ に置き換えればよいことがわかる. それよりただちに,

$$X = \Psi(-v)X' \tag{IV.15-20}$$

$$Y = \Psi(-v)\beta\left(Y' + \frac{v}{V}N'\right) \tag{IV.15-21}$$

$$Z = \Psi(-v)\beta\left(Z' - \frac{v}{V}M'\right) \tag{IV.15-22}$$

$$L = \Psi(-v)L' \tag{IV.15-23}$$

$$M = \Psi(-v)\beta\left(M' - \frac{v}{V}Z'\right) \tag{IV.15-24}$$

$$N = \Psi(-v)\beta\left(N' + \frac{v}{V}Y'\right) \tag{IV.15-25}$$

を得る.

この一組の式と (IV.15-14)〜(IV.15-19) 式は同じ内容を表していなければならない. そこで

$$\frac{1}{\Psi(v)} = \Psi(-v) \tag{IV.15-26}$$

すなわち,

$$\Psi(v) \cdot \Psi(-v) = 1 \tag{原-87}$$

を得る.

16. マクスウェル方程式の変換 (iii) : $\Psi(v) = \Psi(-v)$ の導出 ([参] §6, 909 ページ)

ここでは原論文 909 ページの脚注に基づいて考察を進

める.静止系 K において Z 軸方向の磁気力のみが存在し,電気力および他の磁気力の成分は零であるとする.すなわち,

$$N \neq 0, \quad X = Y = Z = L = M = 0 \quad \text{(IV.16-1)}$$

(IV.16-1) 式を (原-81)〜(原-86) 式に代入すると,

$$X' = 0 \quad \text{(IV.16-2)}$$

$$Y' = \Psi(v)\beta \cdot \left(-\frac{v}{V}\right) \cdot N \quad \text{(IV.16-3)}$$

$$Z' = 0 \quad \text{(IV.16-4)}$$

$$L' = 0 \quad \text{(IV.16-5)}$$

$$M' = 0 \quad \text{(IV.16-6)}$$

$$N' = \Psi(v)\beta N \quad \text{(IV.16-7)}$$

を得る.すなわち系 k においては H 軸 (Y 軸) 方向に電気力 Y' が現れてくる.

いま系 k の任意の位置に単位電荷 ("1" の大きさの電荷) を固定したとする.定義によりこの電荷には Y' の大きさと方向の力が作用する.[この場合,電荷に作用する力を考察しているのだから磁気力 N' の存在は無関係である.]

次にこの様子を静止系 K から観察する.電荷は系 k に固定されているのだから系 K からみると X 軸の方向へ速度 v で運動している.そしてその電荷には Y' に対応する力が Y 軸方向に作用している.系 K には電気力は存在しないことが前提となっている.それにも関わらず電荷に力が作用するのは磁気力 N が存在しかつ電荷が運動して

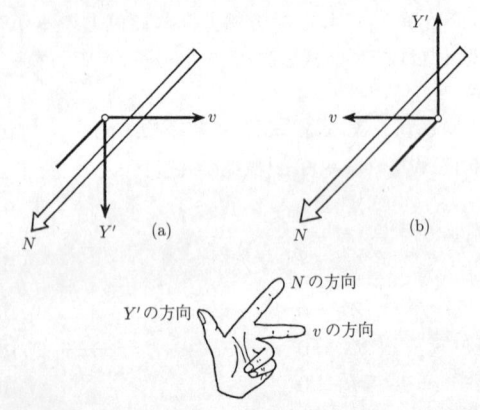

左手の母指，食指，中指を互いに垂直方向にひらいたとき，それぞれの方向は Y', N, v の方向に対応している．

図IV-8 磁気力 N の中で速度 v で運動する荷電粒子に作用する電気力 Y' の方向

いるためである．[このような場合なぜ電荷に力が作用するのかは次節で"解釈"される．ついでに第II章12節の「ローレンツ力」も復習せよ．]

図IV-8 (a) は系 K から電荷をながめた場合の様子を示す．アインシュタインが問題の脚注の中で指摘しているのは，電荷の速度 v が大きさをそのまま保って向きを正反対にしたとき［すなわち図において (a)⇒(b) となったとき］，Y' もまた大きさを変えずに符号（向き）を変えることは"対称性を根拠として明白"ではないかということである．

これは，たとえば，次のように考えることができる．左手の母指（おやゆび），食指（ひとさしゆび），中指（なかゆび）を互いに垂直に開いたとき，図Ⅳ-8 (a) の場合，それぞれの指は Y', N, v の方向に対応している．そこで N の向きをそのままにして v の向きを正反対としたとき [図 (b)]，同じ左手の関係を保つためには，Y' の方向は正反対とならなければならない．

☞なお，図を見ながら左手の指の位置をあわせようとすると，(a) の場合も (b) の場合も，だいぶ手がねじれるから注意すること！

以上をまとめると次のようになる．v が大きさ（数値）を変えずに向きを正反対とした場合，すなわち v を $-v$ とした場合，Y' もまた大きさを変えずに向きが正反対，すなわち $-Y'$ にならなければならない．

速度 v のときの Y' を $Y'(v)$，$-v$ のときを $Y'(-v)$ と書くことにすると，(Ⅳ.16-3) 式より，

$$Y'(v) = \Psi(v)\beta \cdot \left(-\frac{v}{V}\right) \cdot N \qquad (\text{Ⅳ}.16\text{-}8)$$

さらに，

$$Y'(-v) = \Psi(-v)\beta \cdot \left[-\frac{(-v)}{V}\right] \cdot N \qquad (\text{Ⅳ}.16\text{-}9)$$

また

$$Y'(v) = -Y'(-v) \qquad (\text{Ⅳ}.16\text{-}10)$$

でなければならないというのだから，(Ⅳ.16-10) 式に (Ⅳ.16-8) および (Ⅳ.16-9) 式を代入して

$$\Psi(v) = \Psi(-v) \qquad \text{(原-88)}$$

を得る．

われわれはすでに

$$\Psi(v)\cdot\Psi(-v) = 1 \qquad \text{(原-87)}$$

を得ている．また

$$\Psi(0) = 1 \qquad \text{(Ⅳ.16-11)}$$

すなわち系 k が K に対して静止しているとき $(v=0)$，(X,Y,Z) および (L,M,N) はそれぞれ (X',Y',Z') および (L',M',N') と等しくなければならないことを考慮すれば*，（原-88) と（原-87) 式より，

$$\Psi(v) = 1 \qquad \text{(原-89)}$$

を得る．したがって，（原-81)～(原-86) 式と（原-89) 式よりわれわれは（原-90)～(原-95) 式[原論文 909 ページ]を得る．これがわれわれの求めていた変換の最終形である．

17. マクスウェル方程式の変換（ⅳ）：解釈（〔参〕§6, 909 ページ）

（原-90)～(原-95) 式において，(v/V) の 2 乗およびそれより高次のベキを含む項を無視することにしよう；そ

---

* なぜこんなことを考慮したのかわかるだろうか．（原-88) と（原-87) 式からは $\Psi(v)=1$ あるいは -1 が導出されるからである．似たようなことは 10 節の（Ⅳ.10-12)→(Ⅳ.10-13) 式のときにもあった．

れらは一般にきわめて微小な量であるからである．このことは，式において β を 1 $[(v/V)^2=0]$ と考えることに対応する．[もう注意することはないと思うが念のため(原-74) を参照せよ．] そうすればわれわれは次の式を得る．

$$X' = X, \qquad L' = L$$

(IV. 17-1)　(IV. 17-4)

$$Y' = Y - \frac{v}{V}N, \quad M' = M + \frac{v}{V}Z$$

(IV. 17-2)　(IV. 17-5)

$$Z' = Z + \frac{v}{V}M, \quad N' = N - \frac{v}{V}Y$$

(IV. 17-3)　(IV. 17-6)

(X, Y, Z) は静止系 K における電気力のベクトル $\boldsymbol{E}$ である．したがって，定義により，静止系に対して "1" の大きさの電荷（単位電荷）が静止していればそれに対して (X, Y, Z) の力が作用する．一方，その電荷が静止系の X 軸方向に速度 v で運動している場合それに作用する電気力は (X', Y', Z') である．これは，その電荷が静止しているような運動系 k へ (X, Y, Z) および (L, M, N) を変換して得られる．[以上は原論文 910 ページの表現 2（新しい表現の仕方）の記述と対応する．]

(IV. 17-1)～(IV. 17-3) 式をベクトルで表すと次のようになる．

$$\boldsymbol{E}' = \boldsymbol{E} + \frac{1}{V}(\boldsymbol{v} \times \boldsymbol{H}) \qquad (\text{IV}.17\text{-}7)$$

ここで, $\boldsymbol{E}' = (X', Y', Z'), \boldsymbol{H} = (L, M, N)$, また $\boldsymbol{v}$ は電荷の速度ベクトル $(v, 0, 0)$ である.［電荷はX軸方向に運動しているので,速度のYおよびZ成分は零である.］なお,(IV.17-7)式を確認するには第I章5節のベクトルのかけ算(外積)の定義(I.5-8)式より

$$\boldsymbol{v} \times \boldsymbol{H} = (0, -vN, vM) \qquad (\text{IV}.17\text{-}8)$$

［速度ベクトルのY,Z成分が零であるから右辺は簡単になってしまう.］したがって［また,スカラーとの積の定義(I.5-1)式を用いて］,

$$\frac{1}{V}(\boldsymbol{v} \times \boldsymbol{H}) = \left(0, -\frac{v}{V}N, \frac{v}{V}M\right) \qquad (\text{IV}.17\text{-}9)$$

さらに, $\boldsymbol{E}' = (X', Y', Z')$ および $\boldsymbol{E} = (X, Y, Z)$ であることを考慮して第I章4節のベクトルのたし算の定義(I.4-3)～(I.4-5)式より(IV.17-1)～(IV.17-3)式を得る.

(IV.17-7)式は第II章12節のローレンツ力の式(II.12-7)において $\boldsymbol{f}$ を $\boldsymbol{E}'$ に置き換えたものに等しい.［そして,そこにおいて $\boldsymbol{f}$ は単位電荷に作用する力を表しているので $\boldsymbol{E}'$ と同じ意味をもっている.］(IV.17-7)式を静止系から解釈すると次のようになる.すなわち,まず右辺の第1項 $\boldsymbol{E}$ は電気力であるからそれが電荷に力を及ぼすというのは定義からしてよろしい.一方,右辺の第2項［"単位電荷の運動速度と磁力のベクトル積を光速度で除した(割った)もの"(原論文910ページ)］は電気

力ではない．それがなぜ電荷に力を及ぼすのか？ それは次のように"解釈"する．すなわち，単位電荷が運動したとき，それに対しては電気力 E のほかに $(v \times H)/V$ という"起電力"が作用する．[これは原論文 909～910 ページにおける表現 1（古い表現の仕方）に対応する．] ところが，すでに述べたように，われわれは (Ⅳ.17-7) 式の左辺（すなわち右辺の全体）は運動する電荷に対して静止している系 k における電気力そのものであることを知っている．

以上が古い解釈とわれわれの新しい理論の解釈のちがいである．すなわち，従来の理論においては，"起電力は単に補助的概念の役割を果たしているのみであることがわかる"．われわれの理論によって初めて明らかにされたことであるが，電気力と磁気力は座標系の運動と独立な概念ではないのである．

さらに"起磁力"といわれているものも同様である．ここではそれについて詳細な考察はしない．ただしそれは (Ⅳ.17-4)～(Ⅳ.17-6) 式をベクトルで表現した

$$L' = L - \frac{1}{V}(v \times E) \qquad \text{(Ⅳ.17-10)}$$

の右辺第 2 項に現れる力のことである．これは"古い解釈"によれば，運動する単位磁荷（"1"の大きさの磁荷）が磁気力（L）に加えて受ける力のことである．われわれの解釈によれば，(Ⅳ.17-10) 式の左辺は運動する単位磁荷に対して静止している系 k における磁気力そのものを

表している．

この節での解釈に基づけば，原論文の一番最初（導入部）で考察された導体と磁石の相対運動においてみられる解釈上の"非対称"（891 ページ）も消え去るのではないか．

まず，"普通の"解釈によれば，磁石が運動し導体が静止している場合磁石（すなわち磁気力の源）の運動（すなわち時間的変化）により電気力（電場）が生ずる．マクスウェルの方程式（原-65）〜（原-67）の左辺は磁気力 (L, M, N) の運動を，右辺はそれによって生じた電気力 (X, Y, Z) を表現していると解してよい．かくして発生した電気力の作用により［導体中の電子（電荷をもった微小粒子）が運動し］導体に電流が発生する．

逆に磁石が静止し導体が運動する場合，磁気力は存在するが電気力は存在しない．それなのになぜ電流が生ずるのか？ そのときは，（事情はよくわからないが）運動する導体中に"起電力"が生じこれにより電流が発生するのである．この電流は，磁石が運動し導体が静止している場合と同じ方向で同じ強さである．［ただし導体と磁石の相対運動は二つの場合において等しいものとする．］

一方，われわれの解釈によればどうなるか？ われわれにとっては（相対運動が等しければ）磁石が運動しているかあるいは導体が運動しているかは本質的な意味をもたない．磁石と導体が相対運動をしている場合，導体が静止している座標系では一定の電気力が存在し，それにより電流

18. 電気力学的波の方程式の変換 （[参] §7, 910 ページ）

系 K に対し，原点を含む空間の部分において電気力学的波が次の方程式で表現されるとする．

$X = X_0 \sin \Phi$ （原-96）, $\quad L = L_0 \sin \Phi$ （原-99）

$Y = Y_0 \sin \Phi$ （原-97）, $\quad M = M_0 \sin \Phi$ （原-100）

$Z = Z_0 \sin \Phi$ （原-98）, $\quad N = N_0 \sin \Phi$ （原-101）

$$\Phi = \omega \left(t - \frac{ax+by+cz}{V} \right) \quad \text{（原-102）}$$

ここで，(X_0, Y_0, Z_0) は電気力の振幅ベクトル，(L_0, M_0, N_0) は磁気力の振幅ベクトル，ω は波の角振動数，(a, b, c) は波の進行方向を規定する単位ベクトルである．

☞第Ⅱ章 15 節を復習せよ．

われわれはこれらの式を系 k へ変換したい．

位相 Φ の変換

まず，（原-102）式にローレンツの逆変換式（Ⅳ.10-14）～（Ⅳ.10-17）を代入して x, y, z, t で表されている式を ξ, η, ζ, τ で書きなおしてしまう．すると，Φ は系 k に関するものとなるから Φ' というようにプライムをつけて表すことにすると，

$$\Phi' = \omega\left[\beta\left(\tau+\frac{v}{V^2}\xi\right) - \frac{1}{V}\{a\beta(\xi+v\tau)+b\eta+c\zeta\}\right]$$

(IV.18-1)

この式を τ, ξ, η, ζ について整理すると,

$$\Phi' = \omega\beta\left(1-a\frac{v}{V}\right)\left[\tau-\frac{1}{V}\left\{\frac{a-\dfrac{v}{V}}{1-a\dfrac{v}{V}}\xi\right.\right.$$

$$\left.\left.+\frac{b}{\beta\left(1-a\dfrac{v}{V}\right)}\eta+\frac{c}{\beta\left(1-a\dfrac{v}{V}\right)}\zeta\right\}\right] \quad \text{(IV.18-2)}$$

ここで,

$$\omega' = \omega\beta\left(1-a\frac{v}{V}\right) \qquad \text{(原-110)}$$

$$a' = \frac{a-\dfrac{v}{V}}{1-a\dfrac{v}{V}} \qquad \text{(原-111)}$$

$$b' = \frac{b}{\beta\left(1-a\dfrac{v}{V}\right)} \qquad \text{(原-112)}$$

$$c' = \frac{c}{\beta\left(1-a\dfrac{v}{V}\right)} \qquad \text{(原-113)}$$

とおくと (IV.18-2) 式は

$$\Phi' = \omega'\left(\tau-\frac{a'\xi+b'\eta+c'\zeta}{V}\right) \qquad \text{(原-109)}$$

と書くことができる.これで Φ の Φ' への変換は終了である.なおここで, ω' は系 k における波の角振動数,

(a', b', c') は系 k における波の進行方向を規定するベクトルと解釈できる．ただし，(原-102) 式から (Ⅳ.18-1) 式 [さらには (Ⅳ.18-2) 式] へ移ったときの手続きから明らかなように，

$$\Phi = \Phi' \qquad \text{(Ⅳ.18-3)}$$

であることに注意してほしい．繰り返しになるが，Φ と Φ' のちがいは前者が x, y, z, t で表されているのに対し後者は ξ, η, ζ, τ で表されているということのみである．したがって，(原-96)～(原 101) 式は

$X = X_0 \sin\Phi'$ (Ⅳ.18-4), $\quad L = L_0 \sin\Phi'$ (Ⅳ.18-7)

$Y = Y_0 \sin\Phi'$ (Ⅳ.18-5), $\quad M = M_0 \sin\Phi'$ (Ⅳ.18-8)

$Z = Z_0 \sin\Phi'$ (Ⅳ.18-6), $\quad N = N_0 \sin\Phi'$ (Ⅳ.18-9)

となる．

振幅ベクトルの変換

次に (原-90)～(原-95) 式 [原論文 909 ページ] の右辺に (Ⅳ.18-4)～(Ⅳ.18-9) 式を代入して系 k における電気力学的波の方程式を求めておこう．まず (原-90) と (Ⅳ.18-4) 式より

$$X' = X_0 \sin\Phi' \qquad \text{(原-103)}$$

次に，(原-91) 式に (Ⅳ.18-5) と (Ⅳ.18-9) 式を代入して

$$Y' = \beta\left(Y_0 - \frac{v}{V}N_0\right)\sin\Phi' \qquad \text{(原-104)}$$

以下同様の手続きで

$$Z' = \beta \left(Z_0 + \frac{v}{V} M_0\right) \sin \Phi' \quad \text{(原-105)}$$

$$L' = L_0 \sin \Phi' \quad \text{(原-106)}$$

$$M' = \beta \left(M_0 + \frac{v}{V} Z_0\right) \sin \Phi' \quad \text{(原-107)}$$

$$N' = \beta \left(N_0 - \frac{v}{V} Y_0\right) \sin \Phi' \quad \text{(原-108)}$$

を得る. この一組の式は 21 節で使用される.

予 告

(原-110) 式は静止系 K から運動系 k へ移ったとき電気力学的波の (角) 振動数が変化することを表現している. これは次節において光 (光は電気力学的波の一種である) のドップラー効果として考察されるであろう.

(原-111)〜(原-113) 式は系 K から k へ移ると電気力学的波の進行方向が変化する仕方を表す. これは 20 節において光行差の法則として考察されるであろう.

(a', b', c') が単位ベクトルであること

なお, ベクトル (a, b, c) については第 II 章 15 節において

$$a^2 + b^2 + c^2 = 1 \quad \text{(II.15-9)}$$

が前提されていた. 一方, (a', b', c') についても (原-111)〜(原-113) 式より,

$$a'^2+b'^2+c'^2$$

$$=\frac{\left(a-\frac{v}{V}\right)^2}{\left(1-a\frac{v}{V}\right)^2}+\frac{b^2}{\beta^2\left(1-a\frac{v}{V}\right)^2}+\frac{c^2}{\beta^2\left(1-a\frac{v}{V}\right)^2}$$

$$=\frac{\beta^2\left(a-\frac{v}{V}\right)^2+b^2+c^2}{\beta^2\left(1-a\frac{v}{V}\right)^2}$$

$$=\frac{\beta^2 a^2+\beta^2\left(\frac{v}{V}\right)^2-2\beta^2 a\frac{v}{V}+b^2+c^2}{\beta^2\left(1-a\frac{v}{V}\right)^2}$$

(Ⅳ. 18-10)

ここで (Ⅱ. 15-9) 式より
$$b^2+c^2=1-a^2 \qquad (Ⅳ. 18\text{-}11)$$
また，(Ⅳ. 8-5) の公式より
$$\beta^2\left(\frac{v}{V}\right)^2=\beta^2-1 \qquad (Ⅳ. 18\text{-}12)$$
を用いて式を整理すると，
$$a'^2+b'^2+c'^2=\frac{\beta^2-2\beta^2 a\frac{v}{V}-a^2(1-\beta^2)}{\beta^2\left(1-a\frac{v}{V}\right)^2}$$

(Ⅳ. 18-13)

もう一度 (Ⅳ. 18-12) 式を (しかし今度は逆向きに) 用いて

$$a'^2+b'^2+c'^2 = \frac{\beta^2 - 2\beta^2 a\frac{v}{V} + a^2\beta^2\left(\frac{v}{V}\right)^2}{\beta^2\left(1-a\frac{v}{V}\right)^2}$$

$$= \frac{\beta^2\left(1-a\frac{v}{V}\right)^2}{\beta^2\left(1-a\frac{v}{V}\right)^2} = 1 \qquad \text{(Ⅳ.18-14)}$$

が成立する．すなわち (a', b', c') も単位ベクトルである．

19. 光のドップラー効果（〔参〕§7, 911 ページ）

ここでは前節で導出された式

$$\omega' = \omega\beta\left(1-a\frac{v}{V}\right) \qquad \text{(原-110)}$$

について考察する．

まず，第Ⅱ章 15 節で紹介された関係式

$$\nu = \frac{\omega}{2\pi} \qquad \text{(Ⅱ.15-8)}$$

を用い，(原-110) 式において角振動数 ω を振動数 ν に書き変える．すると，

$$\nu' = \nu\beta\left(1-a\frac{v}{V}\right) \qquad \text{(Ⅳ.19-1)}$$

を得る．ここで ν' は

$$\nu' = \frac{\omega'}{2\pi} \qquad \text{(Ⅳ.19-2)}$$

で定義される量である．

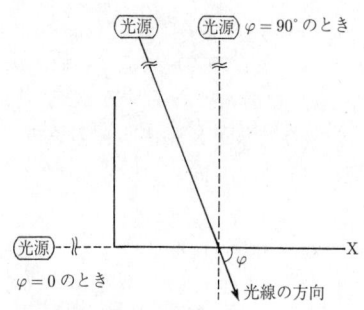

光源は系 K の原点付近から十分遠方に位置している．したがって，系 K の原点付近のどの位置から観測しても光源は同じ方向にあることが前提である．φ は静止系からみた光線の方向と観測者の運動の方向（すなわち系 K の X 軸方向）とのなす角である．$\varphi = 0$ とは光源が X 軸の負側方向にあることを，また $\varphi = 90°$ とは光源が真上にあることを意味する．

図Ⅳ-9　角度 φ の定義

さらに，同じく第Ⅱ章 15 節で導出された式

$$a = \cos\varphi \tag{Ⅱ.15-14}$$

を (Ⅳ.19-1) 式に代入して

$$\nu' = \nu\beta\left(1 - \cos\varphi \cdot \frac{v}{V}\right) \tag{Ⅳ.19-3}$$

となる．ここで φ は静止系 K からみた波の進行方向と X 軸とのなす角度である．その角度の定義は図Ⅳ-9 に描いた．

(Ⅳ.19-3) 式は，静止系から観察すると ν の振動数をもつ電気力学的波（光は電気力学的波の一種である）を静止系 K の X 軸方向に速度 v で運動する観測者が感知した場

合の振動数 ν' を表している．すなわち，光のドップラー効果である．[なお，(Ⅳ.19-3) 式に β の値，(原-74) 式，を代入すれば (原-114) 式と一致することに注意．]

$\varphi=0$，すなわち光源が X 軸の負側の遠方にある場合 [図Ⅳ-9 参照]，(Ⅳ.19-3) 式において $\cos\varphi=1$ であるから，

$$\nu' = \nu\beta\left(1 - \frac{v}{V}\right) \qquad \text{(Ⅳ.19-4)}$$

となる．これは音のドップラー効果（第Ⅱ章 13 節）でいうと観測者が音源から遠ざかる場合の式，すなわち

"「光源 – 観測者」の結合線"

アインシュタインは本文中 "「光源 – 観測者」の結合線" という表現を用いています [原論文 911～912 ページ]．これは，静止系 K に対し X 軸方向に速度 v の大きさで運動している観測者と光源とを結ぶ線という意味で，波の方向ベクトルと一致します．私たちは光源は無限遠方にあると前提しています．それは観測者の位置が少しぐらい移動しても光線の方向は変わらないように導入した前提です．したがって，光源からの光は図のように平行光線として入射していると考えます．つまり，その平行光線の 1 本 1 本の先に光源があると考えるのです．これなら，観測者がどこに位置していても光源の方向は変わりません．そうしないで，図中に光源を点として書きこむと，観測者と光源を結ぶ線は観測者の位置によって変化してしまいますから注意して下さい．

$$\nu' = \nu\left(1 - \frac{v}{c}\right) \qquad (\text{II}.13\text{-}1)$$

に対応する [c は音速度を表す]．(IV.19-4) 式は $\beta \approx 1$，すなわち (v/V) の2次およびそれより高次の項を無視すると，

$$\nu' = \nu\left(1 - \frac{v}{V}\right) \qquad (\text{IV}.19\text{-}5)$$

となり，音のドップラー効果を表す (II.13-1) 式と同一の形式となる．

ただし，観測者の運動速度が大きくなり，$(v/V)^2$ の項

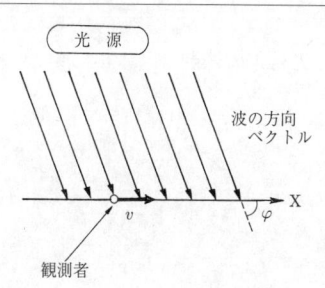

身近な例をひとつ；私が散歩すると月は"私について"きます．これは，私の散歩（移動）の距離にくらべて月が十分遠距離にあり，私が移動しても月の見える方向はほとんど一定であるために生ずる現象です．

なお，"光源－観測者"の結合線"（すなわち波の方向ベクトル）は採用する座標系によって異なってきます．これが20節における光行差の問題となります．

が無視できなくなってくると両者のちがいは大きくなる．
(Ⅳ.19-4) 式に β に関する (原-74) 式を代入すると

$$\nu' = \nu \sqrt{\frac{1-\dfrac{v}{V}}{1+\dfrac{v}{V}}} \qquad \text{(原-115)}$$

この式は $v=-V$，すなわち観測者が光速度で光源に向か
って運動する場合 $\nu'=\infty$（無限大）［すなわち，(原-115)
式の分母が零］になることを主張する．一方，(Ⅳ.19-5)
式においては，その場合 $\nu'=2\nu$，すなわち振動数は2倍
になるだけである．

20. 光行差の法則（〔参〕§7, 912ページ）

ここでは18節で導出された式

$$a' = \frac{a-\dfrac{v}{V}}{1-a\dfrac{v}{V}} \qquad \text{(原-111)}$$

を考察する．

まずわれわれは，静止系 K における光線の方向と X 軸
とのなす角 φ に対応させて，運動系における光線の方向
と X 軸（すなわち静止系に対する運動系の運動の方向）
とのなす角 φ' を定義する．いま一人の観測者が系 k に静
止している（すなわち系 K に対して運動している）とす
ると，φ' は運動系からみた光源 - 観測者の結合線と X 軸
（あるいは Ξ 軸）とのなす角度でもある．

第Ⅱ章15節で
$$a = \cos\varphi \qquad (\text{Ⅱ.15-14})$$
を導出した手順にしたがって運動系における波の進行方向を表すベクトル $\boldsymbol{k}' = (a', b', c')$ と X 軸 $\boldsymbol{x} = (1, 0, 0)$ との内積を計算すると，われわれは
$$a' = \cos\varphi' \qquad (\text{Ⅳ.20-1})$$
を得る．

以上の定義をもうすこし単純に表現すると，いま光源の方向を X 軸（Ξ軸）を基準として測定することにすると，φ は静止系からみた光源の方向，φ' は運動系からみた光源の方向ということになる．そして，(Ⅱ.15-14) と (Ⅳ.20-1) 式を（原-111）式に代入した式

$$\cos\varphi' = \frac{\cos\varphi - \dfrac{v}{V}}{1 - \dfrac{v}{V}\cos\varphi} \qquad (\text{原-116})$$

は静止系からみた場合と運動系からみた場合の光源の方向のズレ——光行差の法則——を一般的に表現している．

いま $\varphi = 90°$*すなわち，静止系からみて光源は"真上"にあるとすると（図Ⅳ-9参照），$\cos\varphi = 0$ であるから（原-116）式は

$$\cos\varphi' = -\frac{v}{V} \qquad (\text{原-117})$$

---

* 90° はラジアンという角度の単位では $\pi/2$ と表される．π は 3.14159… という数字（円周率）であるから，90° は約 1.5708 ラジアンとなる．物理では通常，角度はラジアン単位で表現される．

となる．これは第Ⅱ章14節で導出した（Ⅱ.14-5）式と一致する．

21. 電気力あるいは磁気力の振幅の大きさの変換（〔参〕§7, 912ページ）

まず電気力の振幅ベクトルを考察する．系Ｋにおける電気力の振幅ベクトル (X_0, Y_0, Z_0) の大きさ A は次のように定義される［第Ⅰ章3節の（Ⅰ.3-1）式参照］．

$$A^2 = X_0{}^2 + Y_0{}^2 + Z_0{}^2 \qquad \text{(Ⅳ.21-1)}$$

同様にして系 k においては，

$$A'^2 = X_0'^2 + Y_0'^2 + Z_0'^2 \qquad \text{(Ⅳ.21-2)}$$

である．われわれは A と A' の関係を知りたい．

系 k においては（原-96）〜（原-98）式は次のように書くことができる．

$$X' = X_0' \sin \Phi' \qquad \text{(Ⅳ.21-3)}$$

$$Y' = Y_0' \sin \Phi' \qquad \text{(Ⅳ.21-4)}$$

$$Z' = Z_0' \sin \Phi' \qquad \text{(Ⅳ.21-5)}$$

これらの式を（原-103）〜（原-105）式と比較することにより

$$X_0' = X_0 \qquad \text{(Ⅳ.21-6)}$$

$$Y_0' = \beta \left(Y_0 - \frac{v}{V} N_0 \right) \qquad \text{(Ⅳ.21-7)}$$

$$Z_0' = \beta \left(Z_0 + \frac{v}{V} M_0 \right) \qquad \text{(Ⅳ.21-8)}$$

を得る.これらの式は系 K における電気力の振幅成分を系 k におけるそれらと関係づけるものである.

(Ⅳ.21-6)〜(Ⅳ.21-8) 式を (Ⅳ.21-2) 式に代入すると,

$$A'^2 = X_0{}^2 + \beta^2 \left(Y_0 - \frac{v}{V}N_0\right)^2 + \beta^2 \left(Z_0 + \frac{v}{V}M_0\right)^2$$
$$= X_0{}^2 + \beta^2 \Big[Y_0{}^2 + Z_0{}^2 - 2\frac{v}{V}(Y_0 N_0 - Z_0 M_0)$$
$$+ \left(\frac{v}{V}\right)^2 (N_0{}^2 + M_0{}^2)\Big] \qquad \text{(Ⅳ.21-9)}$$

この式において N_0 および M_0 を消去することにする.それには第Ⅱ章 15 節で導出した

$$M_0 = -aZ_0 + cX_0 \qquad \text{(Ⅱ.15-23)}$$
$$N_0 = -bX_0 + aY_0 \qquad \text{(Ⅱ.15-24)}$$

を用いる.

まず,(Ⅳ.21-9) 式の右辺における $(Y_0 N_0 - Z_0 M_0)$ は次のように変形される.

$$\begin{aligned}
Y_0 N_0 &- Z_0 M_0 \\
&= Y_0(-bX_0 + aY_0) - Z_0(-aZ_0 + cX_0) \\
&= \qquad\quad aY_0{}^2 + aZ_0{}^2 \qquad -bX_0 Y_0 - cX_0 Z_0 \\
&= aX_0{}^2 + aY_0{}^2 + aZ_0{}^2 - aX_0{}^2 - bX_0 Y_0 - cX_0 Z_0 \\
&= a(X_0{}^2 + Y_0{}^2 + Z_0{}^2) - X_0(aX_0 + bY_0 + cZ_0)
\end{aligned}$$
$$\text{(Ⅳ.21-10)}$$

ここで,第Ⅱ章 15 節で導出した

$$aX_0 + bY_0 + cZ_0 = 0 \qquad \text{(Ⅱ.15-25)}$$

を用いると,

$$Y_0 N_0 - Z_0 M_0 = a(X_0{}^2 + Y_0{}^2 + Z_0{}^2) \qquad \text{(Ⅳ.21-11)}$$

さらに，(Ⅳ.21-9) 式の右辺における $(N_0{}^2+M_0{}^2)$ はやはり (Ⅱ.15-23) と (Ⅱ.15-24) 式を用いて，

$N_0{}^2+M_0{}^2$
$= (-aZ_0+cX_0)^2+(-bX_0+aY_0)^2$
$= b^2X_0{}^2+c^2X_0{}^2+a^2Y_0{}^2+a^2Z_0{}^2-2abX_0Y_0-2acX_0Z_0$
$= \underwavy{a^2X_0{}^2}+b^2X_0{}^2+c^2X_0{}^2+\underwavy{a^2X_0{}^2}+a^2Y_0{}^2+a^2Z_0{}^2$
$\quad -\underwavy{2a^2X_0{}^2}-2abX_0Y_0-2acX_0Z_0$
$= X_0{}^2(a^2+b^2+c^2)+a^2(X_0{}^2+Y_0{}^2+Z_0{}^2)$
$\quad -2aX_0(aX_0+bY_0+cZ_0)$ (Ⅳ.21-12)

ここで，
$$a^2+b^2+c^2 = 1 \qquad \text{(Ⅱ.15-9)}$$

および (Ⅱ.15-25) 式を用いて
$$N_0{}^2+M_0{}^2 = X_0{}^2+a^2(X_0{}^2+Y_0{}^2+Z_0{}^2) \qquad \text{(Ⅳ.21-13)}$$

(Ⅳ.21-11) と (Ⅳ.21-13) 式を (Ⅳ.21-9) 式に代入して，

$$\begin{aligned}A'^2 &= X_0{}^2+\beta^2\Big[Y_0{}^2+Z_0{}^2-2a\frac{v}{V}(X_0{}^2+Y_0{}^2+Z_0{}^2) \\ &\quad +\Big(\frac{v}{V}\Big)^2\{X_0{}^2+a^2(X_0{}^2+Y_0{}^2+Z_0{}^2)\}\Big] \\ &= \Big[1+\beta^2\Big(\frac{v}{V}\Big)^2\Big]X_0{}^2+\beta^2(Y_0{}^2+Z_0{}^2) \\ &\quad +\beta^2\Big[-2a\Big(\frac{v}{V}\Big)(X_0{}^2+Y_0{}^2+Z_0{}^2) \\ &\quad +a^2\Big(\frac{v}{V}\Big)^2(X_0{}^2+Y_0{}^2+Z_0{}^2)\Big] \qquad \text{(Ⅳ.21-14)}\end{aligned}$$

ここで, すでに何回か使用している公式

$$1+\beta^2\left(\frac{v}{V}\right)^2 = \beta^2 \qquad \text{(Ⅳ.8-5)}$$

を (Ⅳ.21-14) 式に代入して少し整理すると

$$\begin{aligned}
A'^2 &= \beta^2(X_0^2+Y_0^2+Z_0^2)+\beta^2\Big[-2a\left(\frac{v}{V}\right)(X_0^2+Y_0^2\\
&\quad+Z_0^2)+a^2\left(\frac{v}{V}\right)^2(X_0^2+Y_0^2+Z_0^2)\Big]\\
&= \beta^2(X_0^2+Y_0^2+Z_0^2)\Big[1-2a\left(\frac{v}{V}\right)+a^2\left(\frac{v}{V}\right)^2\Big]\\
&= \beta^2(X_0^2+Y_0^2+Z_0^2)\left(1-a\frac{v}{V}\right)^2 \qquad \text{(Ⅳ.21-15)}
\end{aligned}$$

これに (Ⅳ.21-1) 式を代入して変形すると

$$A'^2 = A^2\beta^2\left(1-a\frac{v}{V}\right)^2 \qquad \text{(Ⅳ.21-16)}$$

この式に β に関する (原-74) 式および第Ⅱ章15節で導出した

$$a = \cos\varphi \qquad \text{(Ⅱ.15-14)}$$

を代入すると

$$A'^2 = A^2\frac{\left(1-\dfrac{v}{V}\cos\varphi\right)^2}{1-\left(\dfrac{v}{V}\right)^2} \qquad \text{(原-118)}$$

を得る. これはわれわれの求めていた式である.

以上は電気力の振幅の大きさの変換である. そして磁気力の振幅の大きさについても (原-118) とまったく同じ式が成立する. なぜなら第Ⅱ章15節においてわれわれは

系Kに関するマクスウェルの方程式と電気力学的波の方程式から

$$X_0{}^2 + Y_0{}^2 + Z_0{}^2 = L_0{}^2 + M_0{}^2 + N_0{}^2 \qquad (\text{II}.15\text{-}29)$$

を導出した．一方，系kにおけるマクスウェルの方程式と電気力学的波の方程式は系Kのものと比較して，物理量にプライム（′）がついていることを除けば，まったく同じ形式をもっている［相対性原理］．したがって当然

$$X_0{}'^2 + Y_0{}'^2 + Z_0{}'^2 = L_0{}'^2 + M_0{}'^2 + N_0{}'^2 \qquad (\text{IV}.21\text{-}17)$$

が成立するのである．すなわち（原-118）式において，A あるいは A' は，電気力の振幅の大きさと考えても磁気力の振幅の大きさと考えてもさしつかえない．

（原-118）式において $\varphi = 0$，すなわち光源はX軸の負側の方向にある（図IV-9参照）とすると，$\cos\varphi = 1$ であるから，

$$A'^2 = A^2 \frac{1 - \dfrac{v}{V}}{1 + \dfrac{v}{V}} \qquad (\text{原-119})$$

となる．ここで $v = -V$ とすれば $A' = \infty$ である．波の振幅は波の強度を表す．したがってわれわれは次のように結論することができる．すなわち，光速度 V で光源に向かって運動する観測者には光源は無限の強度に見えるはずである．

22. 光線のエネルギーの変換 ([参] §8, 913 ページ)

エネルギー密度

すでに第Ⅱ章15節で紹介したように，

$$\frac{1}{8\pi}(X_0^2+Y_0^2+Z_0^2) \qquad (\text{II}.15\text{-}37)$$

あるいは

$$\frac{1}{8\pi}(L_0^2+M_0^2+N_0^2) \qquad (\text{II}.15\text{-}38)$$

は光線の単位体積当たりのエネルギー（エネルギー密度）を与える．前節で用いた振幅の大きさの記号

$$A^2 = X_0^2+Y_0^2+Z_0^2 \qquad (\text{IV}.21\text{-}1)$$

および第Ⅱ章15節で導出した関係

$$X_0^2+Y_0^2+Z_0^2 = L_0^2+M_0^2+N_0^2 \qquad (\text{II}.15\text{-}29)$$

を用いれば，(II.15-37) および (II.15-38) はともに

$$\frac{A^2}{8\pi} \qquad (\text{IV}.22\text{-}1)$$

と書くことができる．一方，相対性原理によれば，運動系 k における光線のエネルギー密度は

$$\frac{A'^2}{8\pi} \qquad (\text{IV}.22\text{-}2)$$

であるということができる．ここで A' は，前節に出てきたように，

$$A'^2 = X_0'^2 + Y_0'^2 + Z_0'^2 (= L_0'^2 + M_0'^2 + N_0'^2)$$
(IV. 21-2)

で定義される量である.

静止系の球に含まれるエネルギー量を運動系から見る

いま系 K において光線の束を含み光線と同じ方向・同じ速度で運動する半径 R の球を想像する．そのような球の一つに，次の方程式で表現されるものがある．
$$(x-Vat)^2 + (y-Vbt)^2 + (z-Vct)^2 = R^2$$
(IV. 22-3)

この球の中心 (Vat, Vbt, Vct) は $t=0$ のとき原点 $(0,0,0)$ にある．その移動の速度と大きさは原点をシッポ，時刻 t のときの中心の位置をアタマとするベクトルを考察すれば，
$$(Vat, Vbt, Vct) = Vt(a,b,c) \qquad (\text{IV. 22-4})$$
すなわち，V の速度で増加する大きさをもった方向 (a,b,c) のベクトルである．[ベクトル (a,b,c) は光線の方向を表し，またその大きさは 1 であることに留意せよ．] いいかえれば，この球は半径を R に保ち，中心は光速度 V で波の進行方向に動いている．

容易に理解されるように，この球は常に"同一の"光線の束を含んでいる．光線のエネルギー密度は (IV. 22-1) であること，またこの球の体積が $(4/3)\pi R^3$ であることを考慮すると，この球の含む光線のエネルギーは

$$\left(\frac{A^2}{8\pi}\right)\cdot\left(\frac{4}{3}\pi R^3\right) \qquad (\text{IV.22-5})$$

である.

この球を運動系から見たときやはり同じ形態・同じ体積をしているのならば，それが含むエネルギーは (IV.22-2) を考慮して

$$\left(\frac{A'^2}{8\pi}\right)\cdot\left(\frac{4}{3}\pi R^3\right) \qquad (\text{IV.22-6})$$

となるはずである．その場合，(IV.22-6) の (IV.22-5) に対する比

$$\left(\frac{A'^2}{8\pi}\right)\cdot\left(\frac{4}{3}\pi R^3\right)\bigg/\left(\frac{A^2}{8\pi}\right)\cdot\left(\frac{4}{3}\pi R^3\right)=A'^2/A^2$$

$$(\text{IV.22-7})$$

は系 k におけるエネルギーの系 K におけるエネルギーに対する比を表している．ところが，原論文 §4 での考察から類推されるように，(IV.22-3) 式で表される球を系 k からながめるとその形態および体積は異なってくる．したがって (IV.22-7) 式は二つの系におけるエネルギーの比を表現しない．

(IV.22-3) 式で表現される球の系 k における形態は，$\tau=0$ の場合，次のようにして求めることができる．まず，10 節で求めたローレンツの逆変換式 (IV.10-14)～(IV.10-17) で $\tau=0$ とおいて

$$t=\beta\frac{v}{V^2}\xi \qquad (\text{IV.22-8})$$

$$x = \beta\xi \qquad \text{(Ⅳ.22-9)}$$
$$y = \eta \qquad \text{(Ⅳ.22-10)}$$
$$z = \zeta \qquad \text{(Ⅳ.22-11)}$$

次にこれらを (Ⅳ.22-3) 式に代入して

$$\left(\beta\xi - a\beta\frac{v}{V}\xi\right)^2 + \left(\eta - b\beta\frac{v}{V}\xi\right)^2 + \left(\zeta - c\beta\frac{v}{V}\xi\right)^2 = R^2$$
(原-121)

となる．この方程式は楕円体を表現している．ただし楕円体の軸が座標系の軸と平行になっていないので方程式自体は複雑な形をしている．

以上の結果をまとめると次のようにいうことができる．系 K において光線の進行方向に光速度で運動する球は系 k においては光線の進行方向に光速度で運動する楕円体として観察される．なお，(原-121) 式は $\tau = 0$ という特定の時刻でその楕円体を観察したものであるからその進行方向や運動速度は表現していない．それらを直接数式で表現するには (Ⅳ.22-8)～(Ⅳ.22-11) 式の代わりにローレンツの逆変換式 (Ⅳ.10-14)～(Ⅳ.10-17) をそのまま用いればよい．ただし式自体は複雑になるからここでは省略する．

エネルギーの変換

さて，(原-121) 式で表される楕円体の体積 S' は

$$S' = \frac{4}{3}\pi R^3 \frac{1}{\beta\left(1 - a\dfrac{v}{V}\right)} \qquad \text{(Ⅳ.22-12)}$$

で与えられる．

☞ （原-121）式が楕円体を表すこと，そしてその体積が（Ⅳ.22-12）式で表されることは附録（305ページ）に示す．ただしそれには少し"高級な"代数を必要とする．

一方，（Ⅳ.22-3）式の球の体積 S は

$$S = \frac{4}{3}\pi R^3 \qquad (\text{Ⅳ.22-13})$$

したがって

$$\frac{S'}{S} = \frac{1}{\beta\left(1 - a\dfrac{v}{V}\right)} \qquad (\text{Ⅳ.22-14})$$

この式に β に関する（原-74）式および a に関する（Ⅱ.15-14）式を代入すると

$$\frac{S'}{S} = \frac{\sqrt{1 - \left(\dfrac{v}{V}\right)^2}}{1 - \dfrac{v}{V}\cos\varphi} \qquad (\text{原-122})$$

を得る．

E を体積 S が含む光線のエネルギー，E' を体積 S' が含む光線のエネルギーとすると，

$$\frac{E'}{E} = \frac{\dfrac{A'^2}{8\pi}S'}{\dfrac{A^2}{8\pi}S} = \frac{A'^2}{A^2} \cdot \frac{S'}{S} \qquad (\text{Ⅳ.22-15})$$

ここで（原-118）と（原-122）式を用いると，

$$\frac{E'}{E} = \frac{1 - \dfrac{v}{V}\cos\varphi}{\sqrt{1 - \left(\dfrac{v}{V}\right)^2}} \qquad (\text{原-123})$$

となる．これがわれわれの求めていたものであり，系K

とkにおける光線のエネルギーの関係を表す．この式は第Ⅵ章の「原論文その2」で"$E=mc^2$"の公式を導出するための出発点として用いられる．なおこの式は$\varphi=0$のとき

$$\frac{E'}{E} = \sqrt{\frac{1-\dfrac{v}{V}}{1+\dfrac{v}{V}}} \tag{原-124}$$

に変わる．

蛇の足

アインシュタインは"光線の束のエネルギーと振動数が，観測者の運動状態により，同一の法則にしたがって変化するということは注目に値する"（原論文914ページ）と記している．これは，（原-123）と（原-114）式［あるいは（原-124）と（原-115）式］が同一の形であることへの注意喚起であると思われるが，彼の表現は非常にあっさりしていてその真意は私にはよくわからない．

しかしながら，アインシュタインはこの論文に先立ち，同じ雑誌の同じ巻に「光の発生と変換に関するひとつの発見的見地について」という論文を発表している*．この論文は相対性理論とならび20世紀最初の四半世紀において

---

* A. Einstein, "Über einen die Erzeugung und Verwandlung des Lichtes betreffenden heuristischen Gesichtspunkt," *Annalen der Physik*, **17** (1905), 132-148.

自然観の大転回を引き起した量子論に画期的な貢献をしたものである．[ついでながら，アインシュタインは1921年度に"ノーベル賞"とかいうものを受けているが，その受賞対象は相対性理論ではなく，こちらの論文の業績である．]

この先立つ論文においてアインシュタインは $E=h\nu$ という公式を提出している．[ただしこれは現在の記号に基づいておりアインシュタインが論文で採用したものとは形が異なるから注意．]この公式は，光のエネルギー E は振動数 ν と比例関係にあ（り，その比例定数は h という普遍定数——プランクの定数であ）るということを表現している．上に引用したアインシュタインのコメントは，この自己の発見した公式のことが念頭にあったものと推定される．もしこの推測の通りならば，私のような程度の科学者ならば得々として（かどうかは別にしても）自己の論文を引用するところである．

23. 光線の圧力 （〔参〕§8，914ページ）

"……．田村は，それから改まって，野々宮さんに，光線に圧力があるものか，あれば，どうして試験するのかと聞きだした．野々宮さんの答えはおもしろかった．——

雲母か何かで，十六武蔵ぐらいの大きさの薄い円盤を作って，水晶の糸でつるして，真空の中に置いて，この円盤の面へアーク燈の光を直角にあてると，この円盤が光に圧されて動く，というのである．

(中略)

「われわれはそういう方面へかけると，全然無学なんですが，始めはどうして気がついたものでしょうな」
「理論上はマクスエル以来予想されていたのですが，それをレベデフという人が始めて実験で証明したのです．近ごろあの彗星の尾が，太陽のほうへ引き付けられべきはずであるのに，出るたびにいつでも反対の方角になびくのは光の圧力で吹き飛ばされるんじゃなかろうかと思い付いた人もあるくらいです"
[夏目漱石『三四郎』1908 年]

系 k における入射光と反射光

系 k の H 軸と Z 軸を含むような平面（$\xi=0$ で規定される）に完全な鏡が置かれているとする．系 K からみると，この鏡は X 軸に垂直であり X 軸の値の増加する方向へ速度 v で運動している．いま，この鏡に光線が入射したとする．その光線は系 K においては振幅 A，入射角 φ，振動数 ν で定義される．系 k で観察したときの対応する量 A', φ', ν' は（原-118），（原-116），（原-114）式にすでに与えられており，それらを再び書くと，

$$A' = A \frac{1 - \frac{v}{V}\cos\varphi}{\sqrt{1-\left(\frac{v}{V}\right)^2}} \qquad (原\text{-}125)$$

$$\cos\varphi' = \frac{\cos\varphi - \frac{v}{V}}{1 - \frac{v}{V}\cos\varphi} \qquad (原\text{-}126)\ [(原\text{-}116)]$$

$$\nu' = \nu \frac{1 - \frac{v}{V}\cos\varphi}{\sqrt{1-\left(\frac{v}{V}\right)^2}} \qquad (原\text{-}127)\ [(原\text{-}114)]$$

ただし，(原-125) 式は (原-118) 式の両辺の平方根をとったものである．

いま系 k，すなわち鏡が静止している系において入射光が反射される様子を観察した場合，反射光の振幅，方向，振動数をそれぞれ A'', φ'', ν'' とすると，

$$A'' = A' \tag{原-128}$$
$$\cos\varphi'' = -\cos\varphi' \tag{原-129}$$
$$\nu'' = \nu' \tag{原-130}$$

が成立する．すなわち，振幅と振動数は入射光と同じで，方向だけが変わっている．そして方向については，図 IV-10 に示すように，

$$\varphi' + \varphi'' = 180° \tag{IV.23-1}$$

の関係が成立するので (原-129) 式となる．

系 k から K への変換

次に，反射光の振幅 (A'')・方向 (φ'')・振動数 (ν'') を系 K に変換する．いま必要なのは系 k における量を系 K に変換する式である．われわれは (原-125)～(原-127) として系 K の量を系 k に変換する式をもっている．そこで，まずそれらを逆に解くことにする．(原-126) 式については簡単で，

$$\cos\varphi = \frac{\cos\varphi' + \dfrac{v}{V}}{1 + \dfrac{v}{V}\cos\varphi'} \tag{IV.23-2}$$

さらに (原-125) 式をやはり逆に解いて

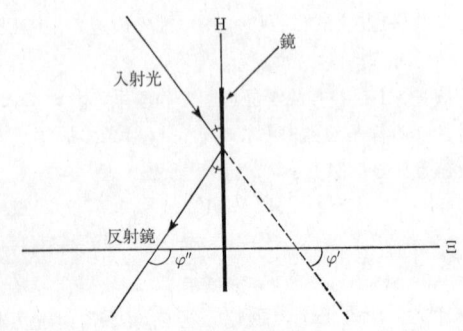

φ' は入射光の方向,φ'' は反射光の方向を表す.$\varphi''=180°-\varphi'$ の関係にあるので,$\cos\varphi''=\cos(180°-\varphi')=-\cos\varphi'$ となる.

図IV-10 系 k における静止した鏡による光線の反射

$$A = A' \frac{\sqrt{1-\left(\frac{v}{V}\right)^2}}{1-\frac{v}{V}\cos\varphi} \tag{IV.23-3}$$

ただし右辺に φ という系 K に関する量が残っているのでそこに (IV.23-2) 式を代入して系 k に関する量のみにすると,整理した結果は

$$A = A' \frac{1+\frac{v}{V}\cos\varphi'}{\sqrt{1-\left(\frac{v}{V}\right)^2}} \tag{IV.23-4}$$

(原-127) 式についてもまったく同様にして

$$\nu = \nu' \frac{1+\frac{v}{V}\cos\varphi'}{\sqrt{1-\left(\frac{v}{V}\right)^2}} \tag{IV.23-5}$$

となる.

☞ (Ⅳ.23-2), (Ⅳ.23-4) および (Ⅳ.23-5) は, (原-125)〜(原-127) 式においてプライムのついているものはそれをはずし, プライムのついていないものにはつけ, かつ v を $-v$ とすればもっと簡単に得られる. どうしてこの操作でよいか? 同様のことは 15 節の後半部において行っているからそこを参照せよ.

中休み：記号の説明

この節では物理量につくプライム (′) の数でそれが系 K のものか系 k のものか, あるいは入射光のものか反射光のものかの区別をしなければならない.

	系 K	系 k
入射光	A, φ, ν	A', φ', ν'
反射光	A''', φ''', ν'''	A'', φ'', ν''

その事情を上の表にまとめたので以下混乱しそうなとき参照してほしい.

系 K と k の反射光の関係

系 K から観察した反射光に関する量を A''', φ''', ν''' というようにプライムを三つつけて表すことにすると, ここでわれわれがもくろんでいるのは, それらと系 k における反射光に関する量 A'', φ'', ν'' とを関係づけることである. 変換式 (Ⅳ.23-4), (Ⅳ.23-2) および (Ⅳ.23-5) におい

て, A', φ', ν' をそれぞれ A'', φ'', ν'' (系 k に関する量), A, φ, ν をそれぞれ A''', φ''', ν''' (系 K に関する量) として

$$A''' = A'' \frac{1 + \dfrac{v}{V} \cos \varphi''}{\sqrt{1 - \left(\dfrac{v}{V}\right)^2}} \tag{IV.23-6}$$

$$\cos \varphi''' = \frac{\cos \varphi'' + \dfrac{v}{V}}{1 + \dfrac{v}{V} \cos \varphi''} \tag{IV.23-7}$$

$$\nu''' = \nu'' \frac{1 + \dfrac{v}{V} \cos \varphi''}{\sqrt{1 - \left(\dfrac{v}{V}\right)^2}} \tag{IV.23-8}$$

を得る. これは系 k における反射光と系 K における反射光の関係を表す.

系 K における入射光と反射光の関係

さらに, (IV.23-6)〜(IV.23-8) 式の右辺に (原-128)〜(原-130) 式を代入すると

$$A''' = A' \frac{1 - \dfrac{v}{V} \cos \varphi'}{\sqrt{1 - \left(\dfrac{v}{V}\right)^2}} \tag{IV.23-9}$$

$$\cos \varphi''' = \frac{-\cos \varphi' + \dfrac{v}{V}}{1 - \dfrac{v}{V} \cos \varphi'} \tag{IV.23-10}$$

$$\nu''' = \nu' \frac{1 - \dfrac{v}{V} \cos \varphi'}{\sqrt{1 - \left(\dfrac{v}{V}\right)^2}} \qquad \text{(Ⅳ.23-11)}$$

またさらに，これらの右辺に（原-125）〜（原-127）式を代入してプライムのついた量を消し整理すると，

$$A''' = A \frac{1 - 2\dfrac{v}{V} \cos \varphi + \left(\dfrac{v}{V}\right)^2}{1 - \left(\dfrac{v}{V}\right)^2} \qquad \text{(Ⅳ.23-12)}$$

$$\cos \varphi''' = -\frac{\left[1 + \left(\dfrac{v}{V}\right)^2\right] \cos \varphi - 2\dfrac{v}{V}}{1 - 2\dfrac{v}{V} \cos \varphi + \left(\dfrac{v}{V}\right)^2} \qquad \text{(Ⅳ.23-13)}$$

$$\nu''' = \nu \frac{1 - 2\dfrac{v}{V} \cos \varphi + \left(\dfrac{v}{V}\right)^2}{1 - \left(\dfrac{v}{V}\right)^2} \qquad \text{(Ⅳ.23-14)}$$

を得る．この一組の式は系Kにおける入射光の A, φ, ν と反射光の A''', φ''', ν''' の関係を示す．なお，原論文中の（原-131）〜（原-133）式は（Ⅳ.23-6）〜（Ⅳ.23-8）式と（Ⅳ.23-12）〜（Ⅳ.23-14）式を同時に表現しているものである．

入射光と反射光のエネルギー差

準備が整ったので，次に静止系Kにおいて光が入射しかつ反射していく様子を観察してみよう．鏡の単位面積に単位時間当たりに入射する光の体積 S_e は図Ⅳ-11でわかるように

$$S_e = V\cos\varphi - v \qquad \text{(IV.23-15)}$$

である.一方,入射光の単位体積当たりのエネルギー ε_e は 22 節で求めた(IV.22-1)式より

$$\varepsilon_e = \frac{1}{8\pi}A^2 \qquad \text{(IV.23-16)}$$

したがって,鏡の単位面積に単位時間当たりに入射する光のエネルギー E_e は

$$E_e = \varepsilon_e \cdot S_e = \frac{1}{8\pi}A^2(V\cos\varphi - v) \qquad \text{(IV.23-17)}$$

で与えられる.

同様にして,鏡の単位面積により単位時間当たりに反射される光の体積は,図IV-11 を参照して

$$S_r = -V\cos\varphi''' + v \qquad \text{(IV.23-18)}$$

また,反射光の単位体積当たりのエネルギーは(IV.23-16)式を参考にして,

$$\varepsilon_r = \frac{1}{8\pi}A'''^2 \qquad \text{(IV.23-19)}$$

したがって,鏡の単位面積により単位時間当たりに反射される光のエネルギーは

$$E_r = \varepsilon_r \cdot S_r = \frac{1}{8\pi}A'''^2(-V\cos\varphi''' + v) \qquad \text{(IV.23-20)}$$

となる.

ここで,$E_e - E_r$ の量を計算したい.それにはまず(IV.23-12)と(IV.23-13)式を用いて(IV.23-20)式の E_r を変形する.すなわち,

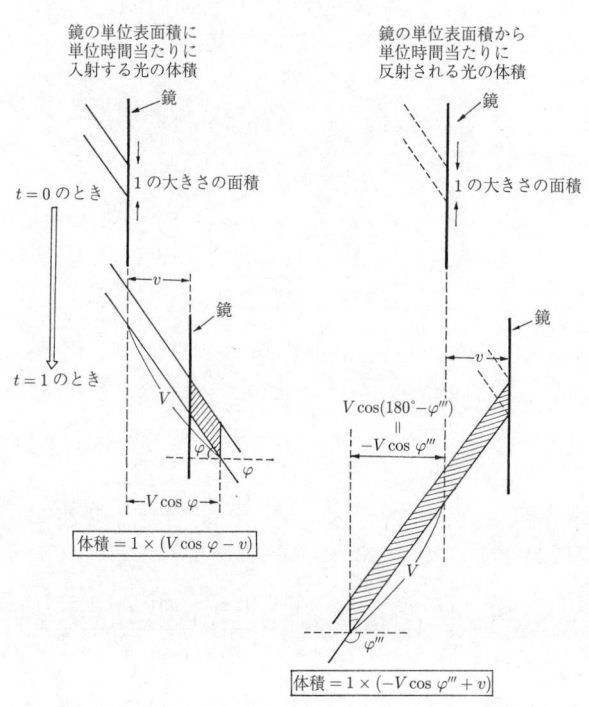

それぞれの体積は斜線部分．入射光の方向は角度 φ，反射光は角度 φ''' で規定される．単位時間の間に鏡は v，光は進行方向に V の距離だけ進む．なお，入射光は，考察の都合で，鏡をそのままつきぬけるように描かれている．

図Ⅳ-11 鏡の単位表面積に単位時間当たりに入射する光の体積および単位時間当たりに反射する光の体積を系 K から観察

$$E_\mathrm{r} = \frac{1}{8\pi} A^2 \frac{\left[1 - 2\frac{v}{V}\cos\varphi + \left(\frac{v}{V}\right)^2\right]^2}{\left[1 - \left(\frac{v}{V}\right)^2\right]^2}$$

$$\times \left[\frac{V\left\{\left(1 + \left(\frac{v}{V}\right)^2\right)\cos\varphi - 2\frac{v}{V}\right\}}{1 - 2\frac{v}{V}\cos\varphi + \left(\frac{v}{V}\right)^2} + v\right]$$

$$= \frac{1}{8\pi} A^2 \frac{1 - 2\frac{v}{V}\cos\varphi + \left(\frac{v}{V}\right)^2}{\left[1 - \left(\frac{v}{V}\right)^2\right]^2}$$

$$\times \left[1 - \left(\frac{v}{V}\right)^2\right](V\cos\varphi - v)$$

$$= \frac{1}{8\pi} A^2 \frac{1 - 2\frac{v}{V}\cos\varphi + \left(\frac{v}{V}\right)^2}{1 - \left(\frac{v}{V}\right)^2}(V\cos\varphi - v)$$

(IV. 23-21)

(IV. 23-17) 式と (IV. 23-21) 式の差をとると,

$$E_\mathrm{e} - E_\mathrm{r} = \frac{A^2}{8\pi}(V\cos\varphi - v)\left[1 - \frac{1 - 2\frac{v}{V}\cos\varphi + \left(\frac{v}{V}\right)^2}{1 - \left(\frac{v}{V}\right)^2}\right]$$

$$= 2 \cdot \frac{A^2}{8\pi} \cdot \frac{\left(\cos\varphi - \frac{v}{V}\right)^2}{1 - \left(\frac{v}{V}\right)^2} \cdot v \quad \text{(IV. 23-22)}$$

この式は，単位時間当たりに鏡の単位面積に入ってくるエネルギーと鏡から出ていくエネルギーの差を表しており，いいかえれば，単位面積の鏡に反射されることによって失

われる単位時間当たりの光のエネルギーに相当する．

光線の圧力

失われたエネルギーはどこへいったのか？　エネルギー不滅の法則（エネルギー原理）に基づけば，そのエネルギーは鏡に与えられたと解するほかはない．この，鏡に与えられたエネルギーを仕事と呼ぶ．もっと正確にいうと，それは光が単位時間の間に鏡になした仕事である．

一般に力 F がある点に作用したままその点が（力の方向に）x の距離だけ移動したとすると，その点は $F \cdot x$ の仕事を得たという．いまは鏡の単位面積に単位時間に与えられる仕事を考察している．単位面積に作用する力は圧力と呼ばれる．また，単位時間当たりに鏡が移動する距離は v である．鏡に対し垂直に作用する圧力に P という記号を用いることにすると，

$$P \cdot v = E_\mathrm{e} - E_\mathrm{r} \qquad (\text{IV. 23-23})$$

ここで，(IV. 23-22) 式を用いると

$$P = 2 \cdot \frac{A^2}{8\pi} \cdot \frac{\left(\cos\varphi - \dfrac{v}{V}\right)^2}{1 - \left(\dfrac{v}{V}\right)^2} \qquad (\text{原-134})$$

これが，光線が鏡に与える圧力である．ここで，(v/V) の1次およびそれより高次の項を無視すると $[(v/V), (v/V)^2 \to 0]$，

$$P = 2 \cdot \frac{A^2}{8\pi} \cdot \cos^2\varphi \qquad (\text{原-135})$$

を得る．

　なお，ここであらためて注意を喚起しておきたい．アインシュタインは，"系 K からみたとき鏡は光線の圧力によって速度 v で運動している"といっているのである．これに疑問はないだろうか．鏡は"実際"は静止して光を反射しているのみで，観測者（系 K）が何かの動力によって鏡（系 k）に対し $-v$ で運動しているのでそういう"見かけ"が生じただけではないだろうか．実際，ここがアインシュタインの相対性原理の眼目である．二つの互いに相手に対して一様な並進運動をする座標系は対等であって，どちらかが"実際"で他方が"見かけ"ということはないのである．

☞ 本節冒頭の引用によれば，アインシュタインのこの論文が発表された当時，理科大学（すなわち，いまも東京都文京区本郷に存在する学校の理学部の前身）で光線の圧力とその検証に関する事柄が少なくとも話題になっていたことがわかる．引用文中の P.N.レベデフ（1866-1912）はロシアの物理学者．光圧の実験的証明は 1899 年の仕事である．彗星の尾の件はレベデフの解釈による．

☞ 一部の読者へ．アインシュタインはまず運動系 k で入射光と反射光に関する物理量を出したあとそれを系 K に変換しエネルギー原理から光圧を求めるという手続きをとっている．系 k でも光圧の議論をすることはできる．ただし，そこでは鏡は静止しており，したがって入射光と反射光のエネルギーは等しくなる．つまり鏡の得るエネ

ルギーは零となる．この場合には運動量保存の法則に基づき鏡が単位時間に得た運動量（力）を算出することになる．

24. 携帯電流を考慮に入れたマクスウェル方程式の変換
（[参] §9, 916 ページ）

14節（あるいは原論文 §6）では真空，すなわち物質が存在しない場合のマクスウェル方程式を考察した．ここでは電荷をもった物質の流れがある（電流を携帯する）場合のマクスウェル方程式を考察する．この場合，系 K においてはすでに一般に知られている次式が成立することを前提とする（第Ⅱ章 11 節の後半部も参照すること）：

$$\frac{1}{V}\left\{u_x\rho+\frac{\partial X}{\partial t}\right\} = \frac{\partial N}{\partial y}-\frac{\partial M}{\partial z} \quad \text{(原-136)}$$

$$\frac{1}{V}\left\{u_y\rho+\frac{\partial Y}{\partial t}\right\} = \frac{\partial L}{\partial z}-\frac{\partial N}{\partial x} \quad \text{(原-137)}$$

$$\frac{1}{V}\left\{u_z\rho+\frac{\partial Z}{\partial t}\right\} = \frac{\partial M}{\partial x}-\frac{\partial L}{\partial y} \quad \text{(原-138)}$$

$$\frac{1}{V}\frac{\partial L}{\partial t} = \frac{\partial Y}{\partial z}-\frac{\partial Z}{\partial y} \quad \text{(原-139)}$$

$$\frac{1}{V}\frac{\partial M}{\partial t} = \frac{\partial Z}{\partial x}-\frac{\partial X}{\partial z} \quad \text{(原-140)}$$

$$\frac{1}{V}\frac{\partial N}{\partial t} = \frac{\partial X}{\partial y}-\frac{\partial Y}{\partial x} \quad \text{(原-141)}$$

$$\frac{\partial X}{\partial x} + \frac{\partial Y}{\partial y} + \frac{\partial Z}{\partial z} = \rho \qquad \text{(原-142)}$$

ここで，ρ は単位体積当たりに存在する電荷量（電荷密度）*，また $(u_\mathrm{x}, u_\mathrm{y}, u_\mathrm{z})$ は電荷をもった物質の速度ベクトルであり，たとえば u_x は速度の X 成分である．

(原-136) と (原-142) 式の変換

われわれは系 K で成立するこれらの式を系 k へ変換したい．その方法は 14 節において真空に関するマクスウェルの式に対して行ったものと基本的に同じであるが，電荷密度 (ρ) と速度ベクトルの成分 $(u_\mathrm{x}, u_\mathrm{y}, u_\mathrm{z})$ が現れている分だけ異なってくる．

まず，すでに 14 節で導出してある公式

$$\frac{\partial}{\partial t} = \beta \frac{\partial}{\partial \tau} - \beta v \frac{\partial}{\partial \xi} \qquad \text{(Ⅳ.14-9)}$$

$$\frac{\partial}{\partial x} = \beta \frac{\partial}{\partial \xi} - \beta \frac{v}{V^2} \frac{\partial}{\partial \tau} \qquad \text{(Ⅳ.14-10)}$$

$$\frac{\partial}{\partial y} = \frac{\partial}{\partial \eta} \qquad \text{(Ⅳ.14-11)}$$

$$\frac{\partial}{\partial z} = \frac{\partial}{\partial \zeta} \qquad \text{(Ⅳ.14-12)}$$

を用いて（原-136）式を変換する．すなわち，

---

* 本当は電荷密度の $4\pi (\approx 12.57)$ 倍であるが，以下この表現で押し通すことにする．

$$\frac{1}{V}\left\{u_{\mathrm{x}}\rho+\beta\frac{\partial X}{\partial \tau}-\beta v\frac{\partial X}{\partial \xi}\right\}=\frac{\partial N}{\partial \eta}-\frac{\partial M}{\partial \zeta}$$
(Ⅳ.24-1)

同様にして, (原-142) 式も変換すると,

$$\beta\frac{\partial X}{\partial \xi}-\beta\frac{v}{V^2}\frac{\partial X}{\partial \tau}+\frac{\partial Y}{\partial \eta}+\frac{\partial Z}{\partial \zeta}=\rho \quad \text{(Ⅳ.24-2)}$$

あるいは

$$\beta\frac{\partial X}{\partial \xi}=\rho+\beta\frac{v}{V^2}\frac{\partial X}{\partial \tau}-\frac{\partial Y}{\partial \eta}-\frac{\partial Z}{\partial \zeta} \quad \text{(Ⅳ.24-3)}$$

この式を (Ⅳ.24-1) 式に代入して整理しかつ両辺に β を乗じて

$$\frac{1}{V}\frac{\partial X}{\partial \tau}+\frac{1}{V}\beta(u_{\mathrm{x}}-v)\rho=\frac{\partial}{\partial \eta}\left[\beta\left(N-\frac{v}{V}Y\right)\right]$$
$$-\frac{\partial}{\partial \zeta}\left[\beta\left(M+\frac{v}{V}Z\right)\right] \quad \text{(Ⅳ.24-4)}$$

ただしここで $(\partial X/\partial \tau)$ の係数 $1/V$ を導くにあたって β に関する (原-74) 式を用いた.

一方, (Ⅳ.24-4) 式で移項して

$$\frac{1}{V}\frac{\partial X}{\partial \tau}=-\frac{1}{V}\beta(u_{\mathrm{x}}-v)\rho+\frac{\partial}{\partial \eta}\left[\beta\left(N-\frac{v}{V}Y\right)\right]$$
$$-\frac{\partial}{\partial \zeta}\left[\beta\left(M+\frac{v}{V}Z\right)\right] \quad \text{(Ⅳ.24-5)}$$

これを (Ⅳ.24-2) 式に代入して整理すると,

$$\rho=\beta\frac{\partial X}{\partial \xi}+\beta^2\frac{v}{V^2}(u_{\mathrm{x}}-v)\rho-\beta\frac{v}{V}\frac{\partial}{\partial \eta}\left[\beta\left(N-\frac{v}{V}Y\right)\right]$$

$$+\beta\frac{v}{V}\frac{\partial}{\partial\zeta}\left[\beta\left(M+\frac{v}{V}Z\right)\right]+\frac{\partial Y}{\partial\eta}+\frac{\partial Z}{\partial\zeta}$$

$$=\beta^2\frac{v}{V^2}(u_\mathrm{x}-v)\rho+\beta\frac{\partial X}{\partial\xi}$$

$$+\frac{\partial}{\partial\eta}\left[-\beta^2\frac{v}{V}N+\left\{\beta^2\left(\frac{v}{V}\right)^2+1\right\}Y\right]$$

$$+\frac{\partial}{\partial\zeta}\left[\beta^2\frac{v}{V}M+\left\{\beta^2\left(\frac{v}{V}\right)^2+1\right\}Z\right] \quad \text{(Ⅳ.24-6)}$$

ここで公式

$$\beta^2\left(\frac{v}{V}\right)^2+1=\beta^2 \quad \text{(Ⅳ.8-5)}$$

を用い,少し整理すると,

$$\rho=\beta^2\frac{v}{V^2}(u_\mathrm{x}-v)\rho+\beta\frac{\partial X}{\partial\xi}+\beta\frac{\partial}{\partial\eta}\left[\beta\left(Y-\frac{v}{V}N\right)\right]$$

$$+\beta\frac{\partial}{\partial\zeta}\left[\beta\left(Z+\frac{v}{V}M\right)\right] \quad \text{(Ⅳ.24-7)}$$

この式の右辺第1項を左辺へ移項し,上の (Ⅳ.8-5) 式を再び用いると,

$$\beta^2\left(1-\frac{vu_\mathrm{x}}{V^2}\right)\rho=\beta\frac{\partial X}{\partial\xi}+\beta\frac{\partial}{\partial\eta}\left[\beta\left(Y-\frac{v}{V}N\right)\right]$$

$$+\beta\frac{\partial}{\partial\zeta}\left[\beta\left(Z+\frac{v}{V}M\right)\right] \quad \text{(Ⅳ.24-8)}$$

両辺を β で割って

$$\beta\left(1-\frac{vu_\mathrm{x}}{V^2}\right)\rho=\frac{\partial X}{\partial\xi}+\frac{\partial}{\partial\eta}\left[\beta\left(Y-\frac{v}{V}N\right)\right]$$

$$+\frac{\partial}{\partial \zeta}\left[\beta\left(Z+\frac{v}{V}M\right)\right] \quad \text{(Ⅳ.24-9)}$$

(Ⅳ.24-4) および (Ⅳ.24-9) 式において電気力と磁気力の変換方程式 (原-90)〜(原-95) を用いると，それらは，それぞれ

$$\frac{1}{V}\left[\beta(u_x-v)\rho+\frac{\partial X'}{\partial \tau}\right]=\frac{\partial N'}{\partial \eta}-\frac{\partial M'}{\partial \zeta}$$
$$\text{(Ⅳ.24-10)}$$

および

$$\beta\left(1-\frac{vu_x}{V^2}\right)\rho=\frac{\partial X'}{\partial \xi}+\frac{\partial Y'}{\partial \eta}+\frac{\partial Z'}{\partial \zeta} \quad \text{(Ⅳ.24-11)}$$

となる．ここで

$$\beta\left(1-\frac{vu_x}{V^2}\right)\rho=\rho' \quad \text{(Ⅳ.24-12)}$$

と定義し，これを系 k における電荷密度と解釈することにすると，(Ⅳ.24-11) 式は

$$\rho'=\frac{\partial X'}{\partial \xi}+\frac{\partial Y'}{\partial \eta}+\frac{\partial Z'}{\partial \zeta} \quad \text{(Ⅳ.24-13)}$$

となる．[原論文 916 ページの (原-152) 式は，(Ⅳ.24-11) と (Ⅳ.24-13) 式を同時に表現したものである．]

さらに (Ⅳ.24-12) 式を ρ について解いて

$$\rho=\frac{1}{\beta\left(1-\frac{u_x v}{V^2}\right)}\rho' \quad \text{(Ⅳ.24-14)}$$

これを (Ⅳ.24-10) 式における $\beta(u_x-v)\rho$ の部分に代入することとして，まず

$$\beta(u_\mathrm{x}-v)\rho = \frac{u_\mathrm{x}-v}{1-\dfrac{u_\mathrm{x}v}{V^2}}\rho' \qquad \text{(Ⅳ.24-15)}$$

ここで,
$$\frac{u_\mathrm{x}-v}{1-\dfrac{u_\mathrm{x}v}{V^2}} = u_\xi \qquad \text{(原-149)}$$

と定義すると, (Ⅳ.24-10) 式は
$$\frac{1}{V}\left[u_\xi\rho' + \frac{\partial X'}{\partial \tau}\right] = \frac{\partial N'}{\partial \eta} - \frac{\partial M'}{\partial \zeta} \qquad \text{(原-143)}$$

となる. これで (原-136) と (原-142) 式の変換は終了した. それらはそれぞれ (原-143) 式および (Ⅳ.24-13) [(原-152)] 式となったわけである.

(原-137) と (原-138) 式の変換

次に (原-137) 式の変換に移る. これは比較的に簡単である. 先ほど用いた (Ⅳ.14-9)〜(Ⅳ.14-12) 式によって変換して

$$\frac{1}{V}\left\{u_\mathrm{y}\rho + \left(\beta\frac{\partial Y}{\partial \tau} - \beta v\frac{\partial Y}{\partial \xi}\right)\right\}$$
$$= \frac{\partial L}{\partial \zeta} - \left(\beta\frac{\partial N}{\partial \xi} - \beta\frac{v}{V^2}\frac{\partial N}{\partial \tau}\right) \qquad \text{(Ⅳ.24-16)}$$

整理すると,
$$\frac{1}{V}\left[u_\mathrm{y}\rho + \frac{\partial}{\partial \tau}\left\{\beta\left(Y - \frac{v}{V}N\right)\right\}\right]$$
$$= \frac{\partial L}{\partial \zeta} - \frac{\partial}{\partial \xi}\left[\beta\left(N - \frac{v}{V}Y\right)\right] \qquad \text{(Ⅳ.24-17)}$$

ここにおいて電気力と磁気力の変換方程式 (原-90)〜(原-95) を用いると,

$$\frac{1}{V}\left[u_y\rho + \frac{\partial Y'}{\partial \tau}\right] = \frac{\partial L'}{\partial \zeta} - \frac{\partial N'}{\partial \xi} \quad \text{(Ⅳ.24-18)}$$

この式の $u_y\rho$ のところへ (Ⅳ.24-14) 式を代入すると

$$u_y\rho = \frac{u_y}{\beta\left(1-\dfrac{u_x v}{V^2}\right)}\rho' \quad \text{(Ⅳ.24-19)}$$

ここで

$$\frac{u_y}{\beta\left(1-\dfrac{u_x v}{V^2}\right)} = u_\eta \quad \text{(原-150)}$$

と定義すると, (Ⅳ.24-18) 式は

$$\frac{1}{V}\left\{u_\eta\rho' + \frac{\partial Y'}{\partial \tau}\right\} = \frac{\partial L'}{\partial \zeta} - \frac{\partial N'}{\partial \xi} \quad \text{(原-144)}$$

となる.

(原-138) 式は (原-137) 式とまったく同様の仕方で変換でき

$$\frac{1}{V}\left\{u_\zeta\rho' + \frac{\partial Z'}{\partial \tau}\right\} = \frac{\partial M'}{\partial \xi} - \frac{\partial L'}{\partial \eta} \quad \text{(原-145)}$$

ここで

$$u_\zeta = \frac{u_z}{\beta\left(1-\dfrac{u_x v}{V^2}\right)} \quad \text{(原-151)}$$

である.

(原-139)〜(原-141) 式の変換

(原-139)〜(原-141) 式は真空に関するマクスウェル方

程式と同一である．そしてその変換についてはすでに14節で実施した．そこでのやり方を調べてみればわかるように，電荷の密度とその流れの速度の影響は現れない．したがって，それぞれ

$$\frac{1}{V}\frac{\partial L'}{\partial \tau} = \frac{\partial Y'}{\partial \zeta} - \frac{\partial Z'}{\partial \eta} \qquad (原\text{-}146)$$

$$\frac{1}{V}\frac{\partial M'}{\partial \tau} = \frac{\partial Z'}{\partial \xi} - \frac{\partial X'}{\partial \zeta} \qquad (原\text{-}147)$$

$$\frac{1}{V}\frac{\partial N'}{\partial \tau} = \frac{\partial X'}{\partial \eta} - \frac{\partial Y'}{\partial \xi} \qquad (原\text{-}148)$$

となる．

電荷の速度ベクトルの考察

相対性原理によれば，(原-143)～(原-145) 式に現れる (u_ξ, u_η, u_ζ) は系 k における電荷をもった物質の流れの速度ベクトルでなければならない．12節で導出された速度の加法定理を書き出してみると

$$w_x = \frac{w_\xi + v}{1 + \dfrac{v w_\xi}{V^2}} \qquad (\text{IV.}12\text{-}4)$$

$$w_y = \frac{w_\eta}{\beta\left(1 + \dfrac{v w_\xi}{V^2}\right)} \qquad (\text{IV.}12\text{-}5)$$

$$w_z = \frac{w_\zeta}{\beta\left(1 + \dfrac{v w_\xi}{V^2}\right)} \qquad (\text{IV.}12\text{-}5)'$$

となる*. これは (w_x, w_y, w_z) を (w_ξ, w_η, w_ζ) の各成分で表している. 逆に (w_ξ, w_η, w_ζ) を (w_x, w_y, w_z) のそれぞれで表すと,

$$w_\xi = \frac{w_x - v}{1 - \dfrac{vw_x}{V^2}} \qquad (\text{IV. 24-20})$$

$$w_\eta = \frac{w_y}{\beta\left(1 - \dfrac{vw_x}{V^2}\right)} \qquad (\text{IV. 24-21})$$

$$w_\zeta = \frac{w_z}{\beta\left(1 - \dfrac{vw_x}{V^2}\right)} \qquad (\text{IV. 24-22})$$

となる. これらの式は (IV. 12-4), (IV. 12-5) および (IV. 12-5)′ 式を w_ξ, w_η, w_ζ のそれぞれについて解いても得られるし, あるいは (IV. 12-4), (IV. 12-5) および (IV. 12-5)′ 式において, $w_x \leftrightarrow w_\xi$, $w_y \leftrightarrow w_\eta$, $w_z \leftrightarrow w_\zeta$ という入れ換えをしたあと, v を $-v$ とすれば得られる. v を $-v$ にするとは, 系 K から k をみると, X軸の値が増加する方向に v で運動しているのに対し, 系 k から K をみると X軸 (Ξ軸) の値が増加する方向に $-v$ (すなわち, Ξ軸の値の減少する方向に v) の速度で運動しているということに対応する操作である.

---

* 12節には (IV. 12-5)′ などという式はない. それは, そこでは $w_\zeta = 0$ としてしまっている [(原-50) 式] からである. もし w_ζ が $\zeta = w_\zeta \tau$ としてそのまま用いられていれば (IV. 12-5)′ 式となることは容易に理解できるであろう. なお, ここにおける (IV. 12-5) および (IV. 12-5)′ 式では (原-74) 式により β を用いた.

☞ これと似たことはすでに何回か行っている．たとえば，23節の注を参照せよ．

(Ⅳ.24-20)〜(Ⅳ.24-22) 式を (原-149)〜(原-151) 式のそれぞれと比較すると，(u と w という記号のちがいは除いて) 両者は完全に一致していることがわかる．これは，(u_ξ, u_η, u_ζ) という速度ベクトルは系 K における速度ベクトル (u_x, u_y, u_z) を系 k で観察したものに対応していることを意味する．すなわち，本節で得られた変換は相対性原理と矛盾しない．

25. 電荷の不変性 ([参] §9, 917 ページ)

いま，系 k において，電荷をもった物質は存在するがその流れはないと考えよう．そして系 k の原点を中心とする半径 r の球，すなわち

$$\xi^2 + \eta^2 + \zeta^2 = r^2 \tag{Ⅳ.25-1}$$

を想定すると，その体積 S' は $4\pi r^3/3$ で与えられかつ系 k における電荷密度は ρ' であることを考慮すると，その球が含む電荷量は

$$S'\rho' = \frac{4}{3}\pi r^3 \rho' \tag{Ⅳ.25-2}$$

である．

この球は系 K からみると，

$$\frac{(x-vt)^2}{\left(\dfrac{r}{\beta}\right)^2}+\frac{y^2}{r^2}+\frac{z^2}{r^2}=1 \qquad (\text{IV.25-3})$$

すなわち,中心 $(vt,0,0)$ が X 軸上を速度 v で運動する楕円体である*.また,系 k において静止している,電荷をもった物体は系 K からみると X 軸の値の増加する方向へ v の速度で運動している.この楕円体の体積 S は $4\pi r^3/(3\beta)$ で与えられ(第 I 章 11 節参照),かつ系 K における電荷密度は ρ であることを考慮すると,その楕円体が含む電荷量は

$$S\rho = \frac{4}{3}\pi r^3 \left(\frac{1}{\beta}\right)\rho \qquad (\text{IV.25-4})$$

である.

運動系とともに運動している観測者の測定した電荷の量 $S'\rho'$ [(IV.25-2) 式] と,それを静止系で観測した場合の量 $S\rho$ [(IV.25-4) 式] の比は,

$$\frac{S'\rho'}{S\rho} = \beta\frac{\rho'}{\rho} \qquad (\text{IV.25-5})$$

一方,(IV.24-12)[(原-152)]式より

$$\frac{\rho'}{\rho} = \beta\left(1 - \frac{vu_\mathrm{x}}{V^2}\right) \qquad (\text{IV.25-6})$$

ここで,いま電荷は系 k に静止しており,したがって系 K からみたその速度は $u_\mathrm{x}=v$ [たとえば(原-149)式に

---

* (IV.25-1) 式に(原-38)~(原-40)式を代入すると (IV.25-3) 式を得る.

おいて $u_\xi = 0$ としてみよ] であること，および β に関する（原-74）式を考慮すると，

$$\frac{\rho'}{\rho} = \beta\left(1 - \frac{v^2}{V^2}\right) = \beta\frac{1}{\beta^2} = \frac{1}{\beta} \qquad (\text{IV. 25-7})$$

これを（IV. 25-5）式に代入すると

$$\frac{S'\rho'}{S\rho} = 1 \qquad (\text{IV. 25-8})$$

あるいは

$$S\rho = S'\rho' \qquad (\text{IV. 25-9})$$

この式より，次の結論が導出される．すなわち電荷をもった物体とともに運動する座標系（k）からみて電荷が不変（一定）であるとすると電荷は静止系（K）でみても一定のままである．$S\rho$ と $S'\rho'$ との関係において，静止系からみた運動の速度は現れていない．したがってこの結論は電荷をもった物体の任意の速度について成立する．

26. 運動する電子の質量（〔参〕§10, 917 ページ）

系 k における運動方程式

ある瞬間電子（電荷をもった微粒子）が系 K の原点にあり，X 軸に沿って速度 v で運動している．そして，その着目した"瞬間"を $t=0$ としよう．この瞬間系 k から観察すると電子は静止している．電子はその直後（$t>0$ かつ $t \approx 0$）において系 k に対し次の方程式にしたがって運動すると仮定する．

$$\mu\frac{\mathrm{d}^2\xi}{\mathrm{d}\tau^2} = \varepsilon X' \qquad \text{(原-156)}$$

$$\mu\frac{\mathrm{d}^2\eta}{\mathrm{d}\tau^2} = \varepsilon Y' \qquad \text{(原-157)}$$

$$\mu\frac{\mathrm{d}^2\zeta}{\mathrm{d}\tau^2} = \varepsilon Z' \qquad \text{(原-158)}$$

ここで，ε は電子のもつ電荷であり，X', Y', Z' は系 k における電気力ベクトルの成分であるから，定義により，上記方程式の右辺は電子に働く力の各軸方向への成分を表している．また μ は電子が静止している場合の質量と考えることにしよう．いまの場合，電子はゆっくりと加速される（すなわち，速度はゆっくりと変化する）ということを前提におくことにすると，電子は直前には静止していたのであるから，現在着目している時間においてもその質量は近似的に μ に等しいとすることができる．以上をまとめれば，(原-156)～(原-158) 式はニュートンの運動方程式と同じ内容・形式をもち，電荷 ε をもつ電子の電磁場中での運動を表す．[ニュートンの運動方程式については第 II 章 4 節の (II.4-1) 式あるいは (II.4-2)～(II.4-4) 式を参照せよ．]

運動方程式の系 K への変換

われわれは系 k に関する方程式 (原-156)～(原-158) を系 K へ変換したい．いまは電子の運動，すなわち電子の位置 (ξ, η, ζ) の時間的変化を考察しているのであるか

ら，ξ, η, ζ のそれぞれは時間 τ の関数である．同様にして，x, y, z のそれぞれは時間 t の関数である．まず，第Ⅰ章8節の公式（I.8-16）を参考にして

$$\frac{\mathrm{d}}{\mathrm{d}\tau} = \frac{\mathrm{d}t}{\mathrm{d}\tau} \cdot \frac{\mathrm{d}}{\mathrm{d}t} \qquad \text{(Ⅳ.26-1)}$$

ローレンツの逆変換の式（10節）より

$$t = \beta\left(\tau + \frac{v}{V^2}\xi\right) \qquad \text{(Ⅳ.10-14)}$$

これから

$$\frac{\mathrm{d}t}{\mathrm{d}\tau} = \beta\left(1 + \frac{v}{V^2}\frac{\mathrm{d}\xi}{\mathrm{d}\tau}\right) \qquad \text{(Ⅳ.26-2)}$$

いま考察している時刻の直前において電子は系 k に関して静止しており，しかもその速度はゆっくりと変化しているというのがわれわれの前提であったから，$\mathrm{d}\xi/\mathrm{d}\tau$（すなわち，いま考察している時刻における系 k からみた電子の速度）は零に近い値である．また，V は光速度というきわめて大きな量であるから $(1/V)$ はきわめて小さい値である．したがって，$(1/V^2)(\mathrm{d}\xi/\mathrm{d}\tau)$ はきわめて小さい値同士を三つかけ合わせた $[(1/V)\times(1/V)\times(\mathrm{d}\xi/\mathrm{d}\tau)]$ きわめて・きわめて・きわめて小さな値であり（Ⅳ.26-2）式において無視することができる［第Ⅰ章7節］．そこで，

$$\frac{\mathrm{d}t}{\mathrm{d}\tau} = \beta \qquad \text{(Ⅳ.26-3)}$$

とおく．これを（Ⅳ.26-1）式に代入して

$$\frac{\mathrm{d}}{\mathrm{d}\tau} = \beta \frac{\mathrm{d}}{\mathrm{d}t} \qquad (\text{IV.26-4})$$

さらに，第Ⅰ章8節の公式（I.8-8）式を参考にして

$$\frac{\mathrm{d}^2}{\mathrm{d}\tau^2} = \frac{\mathrm{d}}{\mathrm{d}\tau}\cdot\frac{\mathrm{d}}{\mathrm{d}\tau} = \beta\frac{\mathrm{d}}{\mathrm{d}t}\left(\beta\frac{\mathrm{d}}{\mathrm{d}t}\right)$$

$$= \beta^2 \frac{\mathrm{d}}{\mathrm{d}t}\cdot\frac{\mathrm{d}}{\mathrm{d}t} = \beta^2 \frac{\mathrm{d}^2}{\mathrm{d}t^2} \qquad (\text{IV.26-5})$$

ここで，ローレンツ変換の式

$$\xi = \beta(x - vt) \qquad (原\text{-}160)\,[(原\text{-}38)]$$
$$\eta = y \qquad (原\text{-}161)\,[(原\text{-}39)]$$
$$\zeta = z \qquad (原\text{-}162)\,[(原\text{-}40)]$$

より，(IV.26-5) 式において

$$\frac{\mathrm{d}^2\xi}{\mathrm{d}\tau^2} = \beta^2 \frac{\mathrm{d}^2\xi}{\mathrm{d}t^2} = \beta^2 \frac{\mathrm{d}}{\mathrm{d}t}\left[\frac{\mathrm{d}}{\mathrm{d}t}\beta(x-vt)\right]$$

$$= \beta^3 \frac{\mathrm{d}}{\mathrm{d}t}\left(\frac{\mathrm{d}x}{\mathrm{d}t}-v\right) = \beta^3 \frac{\mathrm{d}^2 x}{\mathrm{d}t^2} \qquad (\text{IV.26-6})$$

［ここで，v および β は定数であるとみなしている．］さらに，(原-161) および (原-162) 式から (IV.26-5) 式においてより簡単に

$$\frac{\mathrm{d}^2\eta}{\mathrm{d}\tau^2} = \beta^2 \frac{\mathrm{d}^2 y}{\mathrm{d}t^2} \qquad (\text{IV.26-7})$$

$$\frac{\mathrm{d}^2\zeta}{\mathrm{d}\tau^2} = \beta^2 \frac{\mathrm{d}^2 z}{\mathrm{d}t^2} \qquad (\text{IV.26-8})$$

(IV.26-6)～(IV.26-8) 式を (原-156)～(原-158) 式に代入して

$$\mu\beta^3 \frac{\mathrm{d}^2 x}{\mathrm{d}t^2} = \varepsilon X' \qquad \text{(Ⅳ.26-9)}$$

$$\mu\beta^2 \frac{\mathrm{d}^2 y}{\mathrm{d}t^2} = \varepsilon Y' \qquad \text{(Ⅳ.26-10)}$$

$$\mu\beta^2 \frac{\mathrm{d}^2 z}{\mathrm{d}t^2} = \varepsilon Z' \qquad \text{(Ⅳ.26-11)}$$

これらの式の右辺に電気力の変換式(原-90)〜(原-92)を代入すると,

$$\mu\beta^3 \frac{\mathrm{d}^2 x}{\mathrm{d}t^2} = \varepsilon X \qquad \text{(Ⅳ.26-12)}$$

$$\mu\beta^2 \frac{\mathrm{d}^2 y}{\mathrm{d}t^2} = \varepsilon\beta\left(Y - \frac{v}{V}N\right) \qquad \text{(Ⅳ.26-13)}$$

$$\mu\beta^2 \frac{\mathrm{d}^2 z}{\mathrm{d}t^2} = \varepsilon\beta\left(Z + \frac{v}{V}M\right) \qquad \text{(Ⅳ.26-14)}$$

少々整理・変形して

$$\frac{\mathrm{d}^2 x}{\mathrm{d}t^2} = \frac{\varepsilon}{\mu} \frac{1}{\beta^3} X \qquad \text{(原-166)}$$

$$\frac{\mathrm{d}^2 y}{\mathrm{d}t^2} = \frac{\varepsilon}{\mu} \frac{1}{\beta} \left(Y - \frac{v}{V}N\right) \qquad \text{(原-167)}$$

$$\frac{\mathrm{d}^2 z}{\mathrm{d}t^2} = \frac{\varepsilon}{\mu} \frac{1}{\beta} \left(Z + \frac{v}{V}M\right) \qquad \text{(原-168)}$$

となる.

運動している電子の縦の質量と横の質量

ここで,電子に作用する力は運動系 k で測定し($\varepsilon X'$,

$\varepsilon Y', \varepsilon Z'$), かつ加速度は静止系で測定する ($d^2x/dt^2$, $d^2y/dt^2, d^2z/dt^2$) という少しややこしい手続きを採用し, さらにニュートンの関係

$$(質量) \times (加速度) = 力 \qquad (原\text{-}172)$$

を保持したとすると, (Ⅳ.26-9)〜(Ⅳ.26-11) 式に着目して

$$X方向 (縦) の質量 = \mu\beta^3 = \frac{\mu}{\left(\sqrt{1-\left(\dfrac{v}{V}\right)^2}\right)^3}$$

(原-173)

$$Y, Z方向 (横) の質量 = \mu\beta^2 = \frac{\mu}{1-\left(\dfrac{v}{V}\right)^2}$$

(原-174)

を得る. これは, 電子が静止しているときの質量 μ と運動しているときの質量との関係を表す. 電子の運動が光速度に近づく $v \approx V$ と, その質量は無限に大きくなる.

なお, 質量に関する上記結果は電荷をもたない物体についても成立する. なぜなら, われわれの考察において, 電荷の大きさには何らの制限も加えられていない. したがって, いかなる物体も十分に小さい電荷を付与することにより, 本節における意味での電子にすることができるからである.

27. 電子の運動エネルギー （〔参〕§10, 919 ページ）

　一つの電子が系 K の原点に静止しているとする．そしてX軸に沿った時間的に変化しない電気力 X の作用のもとで，X 軸に沿って運動を開始すると考える．[時間的に変化しない電気力は静電力と呼ばれる．] このとき，電子のもつ電荷を ε とすると電子は εX の力が作用したままある距離を移動するのだから，仕事を得る．

　☞「仕事」については 23 節を参照せよ．

「仕事」の積分式

　電子が移動するあいだ力 εX が一定ならば，その移動距離を l とすると仕事は $\varepsilon X l$ で与えられる．しかし，X は一般に位置 x により変化するのでその前提は成立しない．いま，十分に短い距離 $(dx)_1$ を想定し，その距離の間 X の値は近似的に一定値 X_1 をもつとしよう．するとその距離の間に電子は $\varepsilon X_1 \cdot (dx)_1$ の仕事を得る．[dx は短い距離を表す一つの記号である．] 次に $(dx)_1$ に続く短い距離 $(dx)_2$ をとり，その距離の間 X の値は近似的に一定値 X_2 をもつとすると，その距離の間に電子は $\varepsilon X_2 (dx)_2$ の仕事を得る．

　同様の作業を続けていくと，電子は
$$x = (dx)_1 + (dx)_2 + (dx)_3 + \cdots + (dx)_n \qquad \text{(Ⅳ.27-1)}$$
の距離を進む間に，

$$W = \varepsilon X_1(\mathrm{d}x)_1 + \varepsilon X_2(\mathrm{d}x)_2 + \varepsilon X_3(\mathrm{d}x)_3 + \cdots + \varepsilon X_n(\mathrm{d}x)_n \quad \text{(Ⅳ.27-2)}$$

の仕事を得ることになる．これは積分といわれる数学的操作の考え方そのものであって，(Ⅳ.27-2) 式は積分記号を用い

$$W = \int_0^x \varepsilon X \mathrm{d}x \quad \text{(Ⅳ.27-3)}$$

と表現できる．

積分式の変形

(Ⅳ.26-12)〔(原-166)〕式より

$$\varepsilon X = \mu \beta^3 \frac{\mathrm{d}^2 x}{\mathrm{d}t^2} \quad \text{(Ⅳ.27-4)}$$

これを (Ⅳ.27-3) 式に代入して

$$W = \int_0^x \mu \beta^3 \frac{\mathrm{d}^2 x}{\mathrm{d}t^2} \mathrm{d}x \quad \text{(Ⅳ.27-5)}$$

ここで第Ⅰ章8節の関係式 (Ⅰ.8-8) を参考にして

$$\frac{\mathrm{d}^2 x}{\mathrm{d}t^2} = \frac{\mathrm{d}}{\mathrm{d}t}\frac{\mathrm{d}x}{\mathrm{d}t} \quad \text{(Ⅳ.27-6)}$$

また $(\mathrm{d}x/\mathrm{d}t)$ は電子の位置 x の時間的変化の割合い，すなわち速度 v に等しいこと，つまり

$$\frac{\mathrm{d}x}{\mathrm{d}t} = v \quad \text{(Ⅳ.27-7)}$$

を考慮すると，

$$\frac{\mathrm{d}^2 x}{\mathrm{d}t^2} = \frac{\mathrm{d}v}{\mathrm{d}t} \qquad (\text{IV.27-8})$$

☞ 第 I 章 8 節の (I.8-10) 式と同じ. ここで x は電子の位置の x 座標を表しており, 時間 t の関数 $x(t)$ である.

(IV.27-8) 式を (IV.27-5) 式に代入して

$$W = \int_0^x \mu\beta^3 \frac{\mathrm{d}v}{\mathrm{d}t} \mathrm{d}x = \int_0^x \mu\beta^3 \frac{\mathrm{d}x}{\mathrm{d}t} \mathrm{d}v = \int_0^v \mu\beta^3 v \mathrm{d}v$$

(IV.27-9)

[この式の変形はよく見て納得すること. 左から 2 番目の等号の前後の変形は $\mathrm{d}v$ と $\mathrm{d}x$ の ("かけ算" の) 順番を入れ換えただけ; 最後の変形には (IV.27-7) 式が再び用いられている.] なお, 最後の項においては積分の変数が v となっている ($\mathrm{d}v$) ので, 積分の範囲も 0 から v とした. これは, 原点 ($x=0$) にあったとき電子の速度は零で, 距離 x の間の運動で速度 v になったと解釈する.

積分を解く

(IV.27-9) 式の最後の積分は次のように実行できる. まず μ は (電子が静止しているときの質量であり) 定数だから積分記号の外に出し, また β に関する (原-74) 式を代入すると,

$$W = \mu \int_0^v \frac{v}{\left(\sqrt{1-\left(\dfrac{v}{V}\right)^2}\right)^3} \mathrm{d}v \qquad (\text{IV.27-10})$$

ここで

$$\left(\frac{v}{V}\right)^2 = k \qquad \text{(IV.27-11)}$$

とおいて積分変数を v から k に変換する．積分の範囲は $v=0$ のとき $k=0$，また $v=v$ のとき $k=(v/V)^2$ であるから $0 \to (v/V)^2$．また

$$\frac{\mathrm{d}k}{\mathrm{d}v} = \frac{2v}{V^2} \qquad \text{(IV.27-12)}$$

であるから

$$\mathrm{d}v = \frac{V^2}{2v}\mathrm{d}k \qquad \text{(IV.27-13)}$$

これらより，

$$\begin{aligned}
W &= \mu \int_0^{(v/V)^2} \frac{v}{(\sqrt{1-k})^3} \cdot \frac{V^2}{2v}\mathrm{d}k \\
&= \frac{1}{2}\mu V^2 \int_0^{(v/V)^2} \frac{\mathrm{d}k}{(\sqrt{1-k})^3} \\
&= \frac{1}{2}\mu V^2 \int_0^{(v/V)^2} (1-k)^{-3/2}\mathrm{d}k \quad \text{(IV.27-14)}
\end{aligned}$$

最後の変形には

$$\frac{1}{(\sqrt{x})^3} = \frac{1}{(x^{1/2})^3} = \frac{1}{x^{3/2}} = x^{-3/2} \qquad \text{(IV.27-15)}$$

という一般公式を用いた．次に，

$$\int (1-k)^{-3/2}\mathrm{d}k = 2(1-k)^{-1/2} = \frac{2}{\sqrt{1-k}}$$

$$\text{(IV.27-16)}$$

という公式を用いると，(IV.27-14) 式は

$$W = \mu V^2 \left[\frac{1}{\sqrt{1-k}} \right]_0^{(v/V)^2} = \mu V^2 \left[\frac{1}{\sqrt{1-\left(\dfrac{v}{V}\right)^2}} - 1 \right]$$

(Ⅳ.27-17)

となる．[(原-175) 式は (Ⅳ.27-9) と (Ⅳ.27-17) 式を同時に表現したものである．]

電子の運動エネルギー

(Ⅳ.27-17) 式は静電力の場が電子に与えた仕事（＝エネルギー）である．一方，電子はこの仕事が与えられている間に速度が 0 から v へと変化している．したがって W は電子の得た運動エネルギーと解することができる．

第Ⅰ章7節の公式 (Ⅰ.7-9) において $x = -(v/V)^2$ および $n = -1/2$，さらに x は小さな値であるとすると，

$$\frac{1}{\sqrt{1-\left(\dfrac{v}{V}\right)^2}} = \left[1 - \left(\dfrac{v}{V}\right)^2\right]^{-1/2} \approx 1 + \frac{1}{2}\left(\dfrac{v}{V}\right)^2$$

(Ⅳ.27-18)

これを (Ⅳ.27-17) 式に入れると，

$$W = \frac{1}{2}\mu v^2 \qquad \text{(Ⅳ.27-19)}$$

これは通常の運動エネルギーの表式と一致する．

28. 磁場中での電子の運動 ([参] §10, 921 ページ)

いま系 K には電気力は存在せず,しかも磁気力は N,すなわち Z 軸方向にのみ存在する ($X=Y=Z=L=M=0, N\neq 0$) と考える.このとき,(原-166)～(原-168) 式は

$$\frac{d^2x}{dt^2} = 0 \qquad (\text{IV.28-1})$$

$$\frac{d^2y}{dt^2} = -\frac{\varepsilon}{\mu\beta}\cdot\frac{v}{V}N \qquad (\text{IV.28-2})$$

$$\frac{d^2z}{dt^2} = 0 \qquad (\text{IV.28-3})$$

となる.この式は系 K の X 軸方向に速度 v で運動する電子(電荷 ε)に上記の磁気力が作用した瞬間における運動方程式である.X 軸方向および Z 軸方向の加速度は零である.ここでもし,(IV.28-2) 式の右辺も零であったならば,電子に働く力(電子の加速度)はどの方向に対しても零であり,電子は初めの運動を保って X 軸方向に一定速度 v で運動しつづける[慣性の法則].ところがそれは零ではないのだから,電子は(N の存在に基づき)Y 方向の力を受ける.この力は電子の運動方向に垂直であり,その"本来の"進行方向を曲げる作用をする(偏向力)[図 IV-12].

電子の運動方向に対して垂直に一定の力が作用した場

合，電子はその"本来の"運動方向とそれに対して作用する力の方向を含む面内で円運動をすることが一般に知られている．その円運動の軌道半径を R，電子の速度を v，電子の質量を m とすると，電子に作用する偏向力 F（円軌道の中心に向かうので求心力と呼ばれる）は，一般に，

$$F = \frac{mv^2}{R} \tag{IV.28-4}$$

で与えられる．したがって，力＝(加速度)×(質量)というニュートンの第二法則により，中心に向かう加速度 a は上式の力を質量 m で割って

$$a = \frac{v^2}{R} \tag{IV.28-5}$$

となる．これは (IV.28-2) 式の右辺に等しくなければならないのだが，加速度 a は中心に向かう方向を正として表されている一方，(IV.28-2) 式では Y 軸の値が増加する方向を正としてあって符号のとり方が逆になっているので（図IV-12参照），それを考慮に入れ，

$$\frac{v^2}{R} = \frac{\varepsilon}{\mu\beta} \cdot \frac{v}{V} N \tag{IV.28-6}$$

これより，

$$\begin{aligned}R &= V \cdot \frac{\mu}{\varepsilon} \beta v \frac{1}{N} = V^2 \cdot \frac{\mu}{\varepsilon} \cdot \beta \frac{v}{V} \frac{1}{N} \\ &= V^2 \frac{\mu}{\varepsilon} \frac{\dfrac{v}{V}}{\sqrt{1-\left(\dfrac{v}{V}\right)^2}} \cdot \frac{1}{N}\end{aligned} \tag{原-179}$$

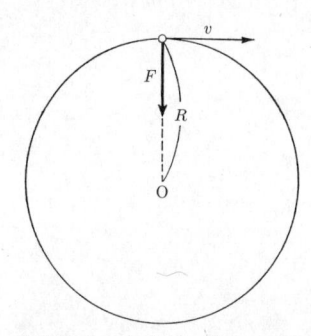

電子の"本来の"運動は X 軸方向で速度 v, それに対して Y 軸 (の負側) に向かって F の大きさの偏向力 (電子の運動方向を変えようとする力) が作用する.結果として電子は半径 R の円運動をする.磁気力 N は紙面に垂直で読者の顔の方向に向かう.[F により電子の運動方向は変わるが, その場合も F は常に v の方向に垂直であり, 中心 O に向かう.]

図IV-12 磁気力 N の場の中で運動する電子の軌道

を得る.ただしここで β に関する (原-74) 式を用いた.

なお, 図IV-12 は磁気力が作用した瞬間の様子を描いている.その後, 求心力 F のために電子は円運動を開始し, それにより運動の方向は X 軸方向ではなくなってくるが, その場合各瞬間における電子の運動方向 (円の接線方向) を X 軸方向にとることにすれば, (IV.28-1)〜(IV.28-3) 式はそのままの形で成立する.

第 V 章

原論文への非物理的注釈

1. この論文の形式的"特異"性

自然科学の原論文に触れたことのある読者は,アインシュタインの論文の形式的な"特異"性に気がつくでしょう.その"特異"性とは:ひとつは引用文献がまったくないこと,もうひとつは著者の所属機関が記載されていないことです.[この雑誌では,通常,論文末尾に所属機関が印刷されます.]

次に示す表では第Ⅲ章の原論文が掲載された *Annalen der Physik*(『物理学年報』)の第 17 巻第 10 号についてアインシュタインの論文(番号 3)と他の論文との比較をしてみました.

論文番号	ページ数	引用文献数(のべ)	著者の所属機関
2	30	42	ゲッチンゲン大学物理学研究所
☞3	**31**	**0**	**記載なし**
4	13	7	ベルリン大学物理学研究所
5	12	21	エルランゲン大学物理学研究所

なお私はこの表をもとに統計的な考察をするつもりはありません.また,所属機関が訳語として公式名称と一致するかどうかについてはまったく配慮していません.したが

って読者は単なる参考として表をながめて下さい。しかしながら，これにより，上に挙げた二つの"特異"性は明らかです．

問題の論文に引用文献がまったくないのは内容の独創性を示す証拠として言及されることがしばしばあります．たぶん，それは一面その通りだと思われます．しかし，文献が多数引用されている独創的な論文というのも確かにありますし，それに，引用文献が少ないのではなくまったくないというのは異常です．

私はこの事情は，ひとつには，この論文の内容の一般性にあると思います．すなわち，先人の業績に関連した考察であってもそれが学界では（古くから）よく知られておりとくに引用するにも及ばない（少なくともアインシュタインにはそう思われた）ということです．たとえば，現代の科学者が論文中で質量欠損から対応するエネルギー量を算出したとしても（とくにそれが目的でないかぎり）アインシュタインの論文を引用したりしないのと同じ事情です．

そして，もうひとつの事情は，当時のアインシュタインは"……自由時間には図書館が閉まっていますので，残念ながら既出の関係文献にとくに通じている立場にあるわけではない……"ということ（ヨハネス・シュタルク宛，1907年7月2日付手紙*）であると思います．アインシ

---

* M. Flückiger, *Albert Einstein in Bern*：金子務訳『青春のアインシュタイン――創造のベルン時代』東京図書（1978年）より引用．

ユタインの独創性についてはもちろん異論はありません．しかし，引用文献零の背景にこのような事情もあったということは原論文鑑賞のうえで考慮が必要であると私は考えています．

"当時の"アインシュタインについては次節で簡単に触れます．ここでは，アインシュタインはスイス・ベルンの"特許局"の技官だったということだけ述べておきます．"特許局"は物理学を研究する機関ではありません．アインシュタインが自己の所属を記さなかったのはそのためと思われます．いいかえれば，あの画期的な論文は（物理学研究で"メシを食って"いるわけではないという意味における）アマチュアの作品であったということに注意して下さい．

2. この論文を投稿した当時のアインシュタイン*

1905年当時におけるアインシュタインの"個人的データ"に関し，下に列挙します．

年　　齢：26歳（1879年ドイツ・ウルム生）
所　　属：スイス・ベルン連邦工業所有局（通称"特許

---

* アインシュタインの伝記は日本語・外国語を含めきわめて多数にのぼる．どれでもよい，一読をおすすめする．［ついでに，もし事情が許したら，C.F.カールソン／桂愛景訳『戯曲 アインシュタインの秘密』サイエンスハウス（1982／新装版1991年）も読んでね！］本節の一部は，すでに上で引用したフリュキガーの本の日本語版の記述によっている．

　　　　　　局"）
地　　位：3級技官（年俸3500フラン）
同居家族：妻ミレーヴァ（1903年結婚），長男ハンス・
　　　　　アルバート（1904年生．のち合州国カリフ
　　　　　ォルニア大学河川工学教授）
居住地：ベルン・クラム通り49番地
国　　籍：スイス連邦市民（1901年2月帰化）
両　　親：在イタリア・ミラノ（ただし父親は1902年
　　　　　死亡）
アインシュタインは1900年にチューリッヒのスイス連邦工科大学を卒業してのち研究続行のため大学での助手の地位をさがしましたが果たせず，工業学校の代用教員や家庭教師をして過ごしていました．これは彼にとって大変つらい日々だったと思われますし，事実，彼が物理学徒としての自己の将来に悲観的になっていたことを示す文書も残っています．この事態に同情したのが友人のマルセル・グロスマンで，彼は自分の父親を通じ特許局の長官フリートリヒ・ハラーにアインシュタインを紹介しました．これがアインシュタインの特許局所属のきっかけです．［グロスマンはチューリッヒの連邦工科大学時代のアインシュタインの同級生で，のちに同大学の画法幾何学の教授となっています．ついでながら，アインシュタインの妻ミレーヴァも同大学における彼らの同級生でした．］1902年6月，3級技官試用として特許局に入る際には，彼がマクスウェル理論に熟達していることが買われたようです．そして彼の

その"熟達ぶり"について私たちは本書における原論文で直接知ることができます．特許局で永続的な地位が得られたということは彼にとって大変幸せなことだったようです．

職場での仕事ぶりについて，天才アインシュタインは自分の業務はさっさとこなしてしまい，残りの時間は上司の目を盗んで自己の研究——つまり"内職"にあてていたという伝説があります．しかしながら特許局は有能な長官のもとで査定も厳しく，アインシュタインにとって"内職"どころではなかったというのが事実です．［それに，天才だから通常業務はさっさと片付けられるなどというのは天才の何たるかを知らぬ下品な俗説です．実際には逆のことだってめずらしくないのだ．］しかし，まれに伝説の後半部のような事態があったとしても不思議ではありません．理論的問題に頭を悩ませているときはなかなか区切りあるいはけじめはつけにくいものですから．

アインシュタインの物理学研究には，役所勤務の8時間と睡眠時間の8時間を差し引いた残りの8時間があてられました．そして，しばしば，睡眠時間の一部が犠牲にされたようです．彼は1903年以来ベルン自然研究協会に属し，地元の学者たちと接触がありましたし，また友人2名（コンラッド・ハビヒトとモーリス・ソロヴィヌ）とともにベルナー・アカデミー・オリンピア（"ベルンのオリンピア学会"）といういかめしい名前の勉強会をつくって読書と討論あるいは自己の研究結果の発表などを行ってい

ました.

アインシュタインは 1901 年に「毛細管現象からの推論」という論文を投稿して以来 *Annalen der Physik* に研究結果を発表しています．[これは一流の学術雑誌の一つです．] この年，すなわち 1905 年に限っても，

(1)「光の発生と変換に関するひとつの発見的見地について」(第 17 巻, 132 ページ)

(2)「熱の分子運動論により要求される静止液体中に懸濁した微粒子の運動について」(第 17 巻, 549 ページ)

(3)「運動している物体の電気力学について」(第 17 巻, 891 ページ)

(4)「物体の慣性はそのエネルギー含量に依存するか？」(第 18 巻, 639 ページ)

の 4 報があります．このうち，(3) および (4) の論文は，私たちは本書のそれぞれ第Ⅲ章および第Ⅵ章でお目にかかることができます．また，論文 (1) は相対性理論とともに現代物理学の基礎を構成する量子論の形成と発展に大きな影響を与えたもので，すでに本書の別の個所（第Ⅳ章 22 節）でも触れましたが，アインシュタインの〈ノーベル賞〉受賞の対象業績となっています．さらに論文 (2) はそれまで仮説的存在とみられていた原子・分子の実在性に"可能なかぎり確固とした"理論的基盤を与えることに貢献しています．すなわちどれをとっても第一級の仕事です．このため，この年は，アインシュタインの"恒

星年"と呼ばれています.

アインシュタインの特許局勤務は,このあと1909年にチューリッヒ大学の員外教授になるまで続きます.

3. "M.ベッソー"

アインシュタインが論文末尾で謝辞をささげている相手ミッシェル・アンジェロ・ベッソーは,アインシュタインよりも6歳年長であり当時特許局における彼の同僚でした.ベッソーは1904年2級技官試用として特許局に就職していますが,これはアインシュタインのすすめによるものだったそうです.したがって彼らの出会いは特許局以前にさかのぼることになります.

アインシュタインは1895年チューリッヒの連邦工科大学を受験しましたが失敗し,そのため知人の紹介でアーラウ州立学校の上級にはいりました.そして,同校でヨスト・ヴィンテラー教授とめぐりあいました.アインシュタインは彼を敬慕し,また彼はアインシュタインを家族の一員として迎えいれました.ベッソーとの出会いはこのヴィンテラー家でのことです.ベッソーはヴィンテラーの長女アンナの夫であったのです.

初期のアインシュタインはマッハの思想に大きな影響を受けたといわれていますが,ベッソーは1897年にマッハの『力学の発展』をアインシュタインに紹介しています.

また,のちになって(1910年),アインシュタインの妹

マヤはヴィンテラーの子息パウルと結婚することになりますから，ベッソーとアインシュタインはヴィンテラー家を通じての義兄弟ということになります．

アインシュタインが特殊相対性理論の考えについて初めて打ち明けた相手はベッソーでした．彼は論文の全体にわたってアインシュタインと議論してそのまとめを手助けし，そのため謝辞の対象となったわけです．

ベッソーは1908年，いったん特許局を退職し，12年の間をおいて復職しています．しかしながら，彼の"能力"に関し特許局の内部で問題が生じたようです．1926年12月21日付のアインシュタインの手紙を第1節の脚注に示した本から金子務訳で引用します．なお，この当時のアインシュタインはベルリン科学アカデミーの正会員であり，またベルリン大学教授の地位にありました．手紙の相手はチューリッヒのハインリッヒ・ザンガーで，彼はアインシュタインに対し特許局へのベッソーのとりなしを依頼したのです．

"あなたは，ベッソーがその地位に適任かどうかという件についての私の考えをお尋ねです．喜んでこの問いにお答えしましょう．というのは，私は長年の同僚として，ベッソー氏とその職業上および人間的な特質をくわしく知っているからです．

ベッソーの強味は並はずれた知性と職業上および道徳上の義務への隔てのない献身にあり，彼の弱味はまった

く決断力に乏しいことです．ですから，彼の人生における外面的な成果は，彼の場合，その輝しい能力や，技術および純粋科学の領域での並はずれた知識とは無関係であるといえます．また，役所で彼の名をのせた公文書がほんのすこししかないことも，わかります．役所のものはだれでも知っていることですが，難しいケースではベッソーの助言を求めることができたのです．というのは，彼は稀な速さでそれぞれの特許案件の技術的および法律的側面を理解して，喜んで同僚たちを助けていち早く解決を見たものです．そのさい，彼はいわばその見識を，業務への意欲あるいは決断力を，他人に提供したわけです．しかし彼自身が案件を片付けねばならないときには，決断力の乏しさが妨げになるのです．そこで役所の中でもっとも価値ある勤務者で，多くの点でまず代えがたい人物としてレッテルを貼ってもよい人が，外部的には役に立たないかのような印象を与えなければならないという，悲劇的な状況が生まれるのです．

　ですから私の見解は，ベッソーが高度に価値のある相談活動に力を尽してきたということ，したがってその彼を役所から免職させることは重大な誤りになるということです．さらにいえば，彼の技術的法律的識見とその判断力はまことに並はずれたものでして，このような能力が，特許文書の形式的な仕上げ作業以外のより重要な場に利用されないということは，国の利害ということからもただ遺憾にたえないことでした．たとえば特許訴願

の判断とか，本来特許権を取りうる（合権的）かどうかという決定の場面なら，たとえ彼がその事実関係をただ精査し，そして別の人がその一件書類を記載する場合でも，けた外れに価値の高い専門家としていられるでしょう．彼ならば，また，そのような立場になるのが役所の中では当然なのです．

彼を官職から免職することがあれば，いかなる場合でも，私は重大な誤算と見なすでしょう．この人の特質を描写するとすれば，それはある寛大な天分が無為にされているということに話はなるでしょう．

この手紙をどうぞご随意にご利用下さい．それが当局者に彼の権限を保つ上で役立ちますように．

　　　　敬具
　　　　　A.アインシュタイン"

ベッソーは1955年3月15日に亡くなりました．アインシュタインがベッソーの子息と妹へあてた3月21日付の手紙を同じ本より引用します．なお，この当時アインシュタインは合州国プリンストン高等研究所の教授です．

"親愛なるヴェロと親愛なるビチェ夫人へ．

あなた方がたいそう忠実にも，ミッシェルの境遇について，この暗い月日の中で私に委細をつくしたお手紙をくださいまして，心から嬉しく思っております．彼の最期は，彼の人生さらにはそれを超える存在者の連環のよ

うに，美事に調和しておりました．このような調和した人生への資質が，かくも鋭敏な知性と対になることは滅多にないのですが，彼の場合にはまことに希有な仕方でそう巡り合わせたのです．しかし私が，かねがねもっとも高く人間として讃嘆したことは，彼が長年の間平和のうちにあり，しかも一人の妻とつねに変わらずに生活し通したというその境遇でした．この企図には，私は二度も恥ずべき失敗をしたのです．

チューリッヒの学生時代に私たちの友情が根付いたのですが，そこでは，私たちはきまって音楽の夕べで会いました．彼は年長でよく物を知っていて，多くの刺激を与えてくれました．彼の興味の範囲はまったく限りがないようでした．しかしそれでも彼には，批判哲学的な興味がもっとも強いように思えました．

のちに特許局で私たちはまた一緒になりました．同じ帰路での会話は，比べようもなく魅力的なものでした．——あたかも「あまりに人間臭いこと」が世の中には存在しないかのようでした．ずっとのちの手紙の往復などは，それに比べたらものの数ではありませんでした．ペンで書くのでは，彼の変幻自在な精神とうまく歩調がとれなかったのです．そのため，この受取人には，その脈絡を補完することが，たいていできませんでした．

いまや彼は，この奇妙な世界に別れを告げて，私よりも少しばかり先に出かけていってしまいました．このことは別に大した意味はなかったのです．私たち敬虔な物

理学者にとっては，過去・現在・未来という区切りは，たとえ執拗なものであっても一つの幻想である，という意味しか持たなかったのですから．

　お二人に心から感謝して，皆様によろしく．
　　　　　　　あなた方の　　A.アインシュタイン"

この約1カ月後，1955年4月18日，アインシュタインはそのあとを追うようにプリンストンで永眠しました．

第 VI 章

アインシュタインの原論文 その2

物体の慣性はそのエネルギー含量に依存するか？
(唐木田 健一 訳)

訳者序

本論文は，A. Einstein, "Ist die Trägheit eines Körpers von seinem Energieinhalt abhängig?" *Annalen der Physik*, **18** (1905), pp. 639-641 に直接基づいて日本語に訳出された．行間にある括弧内の数字は原論文のページである．

内容はアインシュタインの（おそらく）最も有名な公式 $E = mc^2$ の導出であり，第Ⅲ章に訳出した論文の続報という形である．[なお，$E = mc^2$ はこのままの記号では出現しないので注意すること．] 論文末尾の受付日でわかるように，前報を投稿後約3カ月でこの論文は完成されている．

第Ⅲ章の論文と異なり，これには詳細な解説をつけることはしない．おそらく，本書でいままで学んできた読者にとって適切な"演習問題"になると思われるからである．ただし理解のための助けとして章末に訳者補注をつけた．

訳出の原則は第Ⅲ章の序で述べたことと基本的には同一であり，したがってここで繰り返すことはしない．

13. 物体の慣性はそのエネルギー含量に依存するか？

A.アインシュタイン著

　本誌に私が最近発表した電気力学的研究の諸結果[1]はここで導出しようとするきわめて興味深い帰結に導く．

　私はその論文において，空間の電磁気的エネルギーに関するマクスウェルの表式とともに真空に関するマクスウェル－ヘルツ方程式を基礎とし，加えて次の原理を採用した：

　物理系の状態変化を支配する法則はこれら状態変化が二つの互いに相対的に一様な並進運動をする座標系のどちらで記述されるかということとは独立である（相対性原理）[1].

　これらの原理[2]を基礎とし私は，とりわけ，次の結果を導出した（引用文献§8）：

　平面光波の一つの系が，座標系 (x,y,z) [2]に関してエネルギー l をもち，光線の方向（波の法線）はその系の x 軸と φ の角度をなすとする．系 (x,y,z) に対して一様な並進運動をしている別の座標系 (ξ,η,ζ) [3]を導入し，

---

1) A.Einstein, Ann.d.Phys. **17**. p.891. 1905 [4].
2) そこで用いた光速度不変性の原理は，もちろん，マクスウェル方程式に含まれている [5].

その原点は v の速度で x 軸に沿って運動しているとすれば，上述の光量は，系 (ξ, η, ζ) で測定して，次のエネルギーをもつ [6]：

$$l^* = l \frac{1 - \dfrac{v}{V}\cos\varphi}{\sqrt{1 - \left(\dfrac{v}{V}\right)^2}}, \qquad (原\ 2\text{-}1)$$

ここで V は光速度を意味する．われわれはこの結果を以下で応用する．

いま系 (x,y,z) に静止した物体があり，そのエネルギーは系 (x,y,z) に関して E_0 であるとする．上で述べたような速度 v で運動する系 (ξ,η,ζ) に関しては，その物体のエネルギーは H_0 であるとする．

この物体が x 軸と φ の角度をなす方向へ（(x,y,z) に関して測定して）エネルギー $L/2$ の平面光波を発し，そして同時に同量の光量をその正反対の方向へ発射したとする [7]．ここで，その物体は系 (x,y,z) に対して静止したままである．この過程においてエネルギー原理 [8] は成立しなければならず，しかも（相対性原理によれば）二つの系に関して成立しなければならない．われわれは E_1 および H_1 をそれぞれ系 (x,y,z) および (ξ,η,ζ) に関して測定した光発射後の物体のエネルギーと呼ぶことにすれば，上に述べた関係を用いて次式を得る [9]：

$$E_0 = E_1 + \left[\frac{L}{2} + \frac{L}{2}\right], \tag{原 2-2}$$

$$H_0 = H_1 + \left[\frac{L}{2}\frac{1-\dfrac{v}{V}\cos\varphi}{\sqrt{1-\left(\dfrac{v}{V}\right)^2}} + \frac{L}{2}\frac{1+\dfrac{v}{V}\cos\varphi}{\sqrt{1-\left(\dfrac{v}{V}\right)^2}}\right]$$

$$= H_1 + \frac{L}{\sqrt{1-\left(\dfrac{v}{V}\right)^2}}. \tag{原 2-3}$$

引き算によりこれらの方程式から次式を得る：

$$(H_0 - E_0) - (H_1 - E_1) = L\left\{\frac{1}{\sqrt{1-\left(\dfrac{v}{V}\right)^2}} - 1\right\}.$$

(原 2-4)

この表式に現れた $H-E$ という形の二つの差は単純な物理的意味をもつ．H と E は二つの互いに相対的に運動する座標系に関する同一物体のエネルギーの値であり，このとき，その物体は一方の系（系 (x,y,z)）において静止している．したがって，$H-E$ という差は，一つの付加的な定数 C のみを除けば，他方の系（系 (ξ,η,ζ)）に関する物体の運動エネルギーと一致することは明白である．その定数はエネルギー H と E の任意の付加的定数 [10] の選び方に依存する．したがってわれわれは

$$H_0 - E_0 = K_0 + C, \tag{原 2-5}$$

$$H_1 - E_1 = K_1 + C, \tag{原 2-6}$$

とおくことができる [11]．なぜなら C は光が発射され

る間も変わらないからである．したがってわれわれは次式を得る：

$$K_0 - K_1 = L\left\{\frac{1}{\sqrt{1-\left(\dfrac{v}{V}\right)^2}} - 1\right\}. \quad \text{(原 2-7)}$$

(ξ, η, ζ) に関する物体の運動エネルギーは光の発射の結果減少する．あるいはもっと正確にいうと，物体の性質に依存しない量だけ減少する．差 $K_0 - K_1$ はさらに，電子の運動エネルギーと同様に速度に依存する（引用文献 §10）[**12**]．

4次およびそれより高次の項を無視し [**13**]，われわれは次のようにおくことができる：

$$K_0 - K_1 = \frac{L}{V^2}\frac{v^2}{2}. \quad \text{(原 2-8)}$$

この方程式よりただちに次の結果を得る [**14**]：

一つの物体が輻射の形でエネルギー L を放出すれば，その質量は L/V^2 だけ減少する．ここにおいて，物体から奪われるエネルギーがとくに輻射のエネルギーに転ずるということは明らかに本質的なことではない．したがってわれわれは次の一般的帰結に導かれる：

物体の質量はそのエネルギー含量の一つの尺度である．エネルギーを L だけ増減させた場合，エネルギーをエルグ，質量をグラムで測定したとすれば [**15**]，質量は

$L/9.10^{20}$ だけ増減する*.

エネルギー含量が大きく変化するような物質（たとえばラジウム塩）においてこの理論の試験に成功するということはあり得ないことではない.

もしこの理論が事実と対応するならば，輻射は放出物体と吸収物体との間に慣性［16］の伝達をする.

1905 年 9 月　ベルン
　　　　　　(1905 年 9 月 27 日受付)

訳者補注
［1］　第Ⅲ章の原論文 895 ページと同一文章である.
［2］　"座標系 (x, y, z)"：系 K のこと.
［3］　"別の座標系 (ξ, η, ζ)"：系 k のこと.
［4］　第Ⅲ章に訳出された論文のことである.
［5］　この言明は "前" の論文にはみられない. なお，第Ⅱ章 9 節の本文中に引用したアインシュタインの言明も参照せよ.
［6］　これは第Ⅲ章の（原-123）式と同じものである. ただしここでは E は l という記号に変わっている.
［7］

$\varphi + \varphi' = 180°$

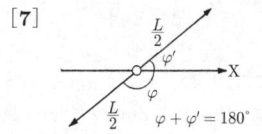

---
*訳者脚注〕　"9.10^{20}" とは "9×10^{20}" のことである.

[8] "エネルギー原理"：エネルギー不滅の法則のこと．

[9] (原 2-3) 式では，公式 (原 2-1) を $l=L/2$ とおいて，そのまま用いている．補注 [7] の図より，一方の角度を φ とすると他方は $\varphi'=180°-\varphi$，したがって $\cos\varphi'=-\cos\varphi$ に注意する．なお，エネルギー記号の関係は次の通り：

系	K	k
発射前	E_0	H_0
発射後	E_1	H_1

[10] "任意の付加的定数"：エネルギー測定の基準（エネルギーの零の点の設定の仕方）によって変わってくる定数のこと．

[11] ここで K は系 k に関する物体の運動エネルギーである．

[12] "(引用文献 § 10)"：第Ⅲ章の原論文の (原-175) 式参照．

[13] "4 次およびそれより高次の項を無視"：同様のことは，第Ⅳ章 27 節において (Ⅳ.27-19) 式の導出にあたって行っている．

[14] 運動エネルギーは物体の質量を m とすると，$mv^2/2$ で表現される．(原 2-8) 式の右辺は $(L/V^2)v^2/2$ と変形されるから，L/V^2 は質量 m に対応する．すなわち $m=L/V^2$，あるいは $L=mV^2$．ここで，記号を現在のものになおすと，$L \to E, V \to c$ として，$E=mc^2$ となる！

[15] L エルグのエネルギーに対応する質量は $m=L/V^2$ グラム．ここで V (光速度) は約 3×10^{10} cm/秒 であるから，$m=L/9\times 10^{20}$ グラムとなる．

[16] "慣性"：ここでは質量の同義語とみなしてよい．

附　録

原論文その1の§8に与えられた楕円体の体積の導出

☞この節は数学的内容のみが含まれている．記述は手続きを主とし説明はできるかぎり省略した．

われわれがここで体積を求めようとしている立体は

$$\left(\beta\xi - a\beta\frac{v}{V}\xi\right)^2 + \left(\eta - b\beta\frac{v}{V}\xi\right)^2 + \left(\zeta - c\beta\frac{v}{V}\xi\right)^2 = R^2$$

(原-121)

で表現されている．ここで，

$$\frac{v}{V} = k \qquad (\text{A-1})$$

という記号を導入して以後 v/V の代わりに使用することとする．

(原-121)式を展開し，ξ, η, ζ について整理すると，

$$\beta^2(1-2ak+k^2)\xi^2 + \eta^2 + \zeta^2 - 2b\beta k\xi\eta - 2c\beta k\xi\zeta = R^2$$

(A-2)

この式の左辺は行列を用いて

$$(\xi, \eta, \zeta)\begin{pmatrix} \beta^2(1-2ak+k^2) & -b\beta k & -c\beta k \\ -b\beta k & 1 & 0 \\ -c\beta k & 0 & 1 \end{pmatrix}\begin{pmatrix} \xi \\ \eta \\ \zeta \end{pmatrix}$$

(A-3)

と書くことができる．ここで真中の行列を $\boldsymbol{A}$，またその行列式としての値を Δ と呼ぶことにすると，一般公式

$$\begin{vmatrix} x_{11} & x_{12} & x_{13} \\ x_{21} & x_{22} & x_{23} \\ x_{31} & x_{32} & x_{33} \end{vmatrix} = \begin{matrix} x_{11}x_{22}x_{33} + x_{12}x_{23}x_{31} + x_{13}x_{21}x_{32} \\ -x_{11}x_{23}x_{32} - x_{12}x_{21}x_{33} - x_{13}x_{22}x_{31} \end{matrix}$$

(A-4)

を用いて

$$\Delta = \beta^2(1-2ak+k^2) - b^2\beta^2k^2 - c^2\beta^2k^2$$
$$= \beta^2(1-2ak+k^2) - \beta^2k^2(b^2+c^2) \quad \text{(A-5)}$$

ここで，第Ⅱ章 15 節の (Ⅱ.15-9) 式より

$$b^2 + c^2 = 1 - a^2 \quad \text{(A-6)}$$

を使うと，

$$\Delta = \beta^2(1-2ak+k^2) - \beta^2k^2(1-a^2) = \beta^2(1-ak)^2$$

(A-7)

(A-7) 式の右辺は零と異なる．このことは，(A-2) 式で表現される立体は中心をもつことを意味する．その中心の座標は，行列 $\boldsymbol{A}$ より，連立方程式

$$\beta^2(1-2ak+k^2)\xi - b\beta k\eta - c\beta k\zeta = 0 \quad \text{(A-8)}$$
$$-b\beta k\xi \quad +\eta \quad\quad = 0 \quad \text{(A-9)}$$
$$-c\beta k\xi \quad\quad\quad +\zeta = 0 \quad \text{(A-10)}$$

を解けば得られ，$\xi = \eta = \zeta = 0$，すなわち原点であることがわかる．

一方，行列 $\boldsymbol{A}$ の固有方程式は

$$\begin{vmatrix} \beta^2(1-2ak+k^2)-\lambda & -b\beta k & -c\beta k \\ -b\beta k & 1-\lambda & 0 \\ -c\beta k & 0 & 1-\lambda \end{vmatrix} = 0$$

(A-11)

一般公式 (A-4) を用いて展開すると,

$$\{\beta^2(1-2ak+k^2)-\lambda\}(1-\lambda)^2$$
$$-b^2\beta^2k^2(1-\lambda)-c^2\beta^2k^2(1-\lambda) = 0 \quad \text{(A-12)}$$

$(1-\lambda)$ でくくりかつ少し整理すると,

$$(1-\lambda)[\{\beta^2(1-2ak+k^2)-\lambda\}(1-\lambda)$$
$$-(b^2+c^2)\beta^2k^2] = 0 \quad \text{(A-13)}$$

ここに (A-6) 式を代入し, [ ] の中を λ について整理すると,

$$(1-\lambda)[\lambda^2-\{1+\beta^2(1-2ak+k^2)\}\lambda+\beta^2(1-ak)^2] = 0$$

(A-14)

λ に関する三次方程式 (A-14) の 3 根を $\lambda_1, \lambda_2, \lambda_3$ とすると, (原-121) 式で表される立体にその中心 (すなわち原点) のまわりで適切な回転を与えるとそれは,

$$\lambda_1\xi^2 + \lambda_2\eta^2 + \lambda_3\zeta^2 = R^2 \quad \text{(A-15)}$$

の形式で表されることが知られている. (A-15) 式を変形すると,

$$\frac{\xi^2}{\left(\dfrac{R}{\sqrt{\lambda_1}}\right)^2} + \frac{\eta^2}{\left(\dfrac{R}{\sqrt{\lambda_2}}\right)^2} + \frac{\zeta^2}{\left(\dfrac{R}{\sqrt{\lambda_3}}\right)^2} = 1 \quad \text{(A-16)}$$

これは,その軸を $(R/\sqrt{\lambda_1}), (R/\sqrt{\lambda_2}), (R/\sqrt{\lambda_3})$ とする楕円体であることがわかる.この体積を S' とすると,

$$S' = \frac{4}{3}\pi \left(\frac{R}{\sqrt{\lambda_1}}\right)\left(\frac{R}{\sqrt{\lambda_2}}\right)\left(\frac{R}{\sqrt{\lambda_3}}\right) = \frac{4}{3}\pi R^3 \frac{1}{\sqrt{\lambda_1 \lambda_2 \lambda_3}} \tag{A-17}$$

である [第Ⅰ章11節の (Ⅰ.11-8) 式参照].

さて,(A-14) 式にもどる.視察により,まず

$$\lambda_1 = 1 \tag{A-18}$$

を得る.次いで [ ] 内においては根と係数の関係より,

$$\lambda_2 \lambda_3 = \beta^2 (1-ak)^2 \tag{A-19}$$

したがって,(A-18) および (A-19) 式より

$$\lambda_1 \lambda_2 \lambda_3 = \beta^2 (1-ak)^2 \tag{A-20}$$

これを (A-17) 式に代入し,また k の記号 [(A-1) 式] をもとにもどして,

$$S' = \frac{4}{3}\pi R^3 \frac{1}{\beta\left(1-a\dfrac{v}{V}\right)} \tag{A-21}$$

これはわれわれの求めていた (Ⅳ.22-12) 式と一致する.

アインシュタインの"思い出"
──あとがきに代えて──

　私は，1946年の生まれですからアインシュタインの生涯とは9年たらずの重なりしかありません．したがいまして，同時代のオトナとして彼の言動に接したことはありませんし，まして彼と共同研究をしたり面談したり文通したりという経験もありません．そのような人物が「アインシュタインの思い出」などという文を書くのはまことに生意気です．この生意気さ加減は"十年早い！"などというものではなく，恐ろしいことに，〈一生早い〉という表現に値するものです．日本人としてそのような表題の文章を書くにふさわしいのは，たとえば，湯川秀樹や矢野健太郎といった人たちでしょう．[湯川はすでに亡いが，あちらこちらにそれに相当する文章を残しています．]

　しかしながら，生まれてから9年近く彼と共通の空気を呼吸していたということは私にある種の感慨を与えます．それに私は，この本および他の本を企画するにあたって，彼に関する文献に集中的に目を通した時期があり，私なりの彼のイメージがあります．私はこのイメージに対しては自信を抱いており，今後アインシュタインに関する研

究が進み（"アインシュタイン学"というのがあるそうです），個別の新しい発見が報告されたとしても，そのイメージは豊かになることはあっても損なわれることはないと考えています．［まあ，このような自信あるいはウヌボレは愛好家(ファン)にはめずらしいことではありません．読者におかれては寛大な気持で接してやって下さい．］そこで，ここでは，そのイメージに基づき私の印象に残っている二つの挿話をとりあげてみたいと思います；思い出という単語は引用符につつんで．

挿話といっても日本語版も出版されている単行本にのっている話ですから決してめずらしいものではありません．しかし，アインシュタインのどの伝記にも書かれているというようなものでもないことをあらかじめお断わりしておきます．

ひとつはベルリン時代のアインシュタイン家の女中（正式には"主婦補佐役"とのこと）の証言であり，ヘルネックという人の本[1]に出ているものです．

"……，この間私の従妹が思い出させてくれたお話を一ついたしたいと存じます．その従妹が私を訪ねてカプートに参りました時，先生はちょうど海浜着を着てテラス

---

1) F. Hernek, *Einstein Privat : Herta W. erinnert sich an die Jahre 1927 bis 1933*. 村上陽一郎・村上公子訳『知られざるアインシュタイン：ベルリン 1927-1933』紀伊國屋書店（1979年）．

に座っておいでになりましたんですけれど，従妹に握手をして下さろうというので立ち上がられました．その時着ていらした海浜着の前がはだけたのでございます．ところが，先生はその下に何もお召しではなかったのでございます．従妹は真赤になってどうしていいかわからないという様子をしていたのでございますが，その時先生がこんな風にお尋ねになったのです．「結婚して何年におなりですか」．従妹が答えて「十年でございます」．先生は続けて「お子さんは何人おありですか」．従妹が「三人」と答えますと，先生は「それなのにまだ赤くなったりなさるのですか」とおっしゃったというのでございます．"

これを私が引用しましたのは，アインシュタインがナニを丸出しにして婦人にあいさつをしてとぼけていたというおもしろさをお伝えするためではありません；私はもちろんそういうことを喜ぶ悪い趣味はもちあわせておりますが，ここでの目的はそれではありません．以前，ある有名な学校の元先生（名誉教授とかいうらしい）が孫に殺されるという事件がありました．この事件そのものは私のいまの関心事ではないのですが，その後の新聞紙の報道によれば，その先生は大変きちんとした方で自宅の書斎に居るときもネクタイをしめておられ（ることがあっ？）たとか．私がこの記事を読んで感じたのは，われらのアインシュタインはこのイギリス語学の泰斗とかいわれる大先生となん

と遠くへだたっていることかということでした．

もうひとつの挿話はインフェルトが書き残しているもので[2]，プリンストン時代のことです．

"ある日のこと，アインシュタインとわたくしとは，エミール・ゾラの生涯をえがいた有名な映画を観に，プリンストンの映画館に出かけて行った．入場券を買って，超満員の待合室に入ってみると，映画がはじまるまでにはまだ十五分，間があることがわかった．アインシュタインは，ちょっと散歩をしてきませんか，といった．われわれ二人は散歩してくるために映画館を出たが，わたくしは出口のところで係の男に「すぐもどってきますから……」と断っておいた．

しかし，アインシュタインは，どうも心配でたまらないという表情で，その男にむかって「わたしたちは，入るときに入場券を渡してしまいましたが，もどってきたときに，わかりますか？」ときいた．

その男は，アインシュタインのこの言葉をきいて，うまい冗談をいうなあ，と思ったのである．そして，笑いながら「ええ，アインシュタイン先生，あなたのことなら，まちがいっこありませんよ……」と応えた．"

---

2) L. Infeld, *Albert Einstein. Sein Werk und sein Einfluss auf unsere Welt* und *Meine Erinnerungen an Einstein*. 武谷三男・篠原正瑛訳『アインシュタインの世界．物理学の革命』講談社（1975年）．

インフェルトがこの話を紹介したのは，文脈からして，アインシュタインは自己の名声などなんら意識していなかったということを示したかったためと考えられます．しかし私にとって印象深いのは，そこに描かれているアインシュタインの〈小心〉さなのです．"どうも心配でたまらないという表情" などとてもすてきです．[〈小心〉という表現は総合的には適切ではありません．しかしここではあえてそう表記しておきます．]

すでにおわかりいただけると思いますが，上の二つの挿話を記したのは，あの偉大な人物にもそういう一面があったということを訴えるためではありません．むしろ逆で，あのような偉大な人物は，やはりそういう人物でなければならなかったと私には思われるのです．

彼は世俗的に稀な成功をしたために私たちの着目を受けます．[一部御異論はあるでしょうが基本はそうです．] 次にその成功のもととなった諸業績に私たちは関心をもちます．そして，その独創性に感銘を受けます．さらに次は，こんな仕事をしたのはどんな人物かという興味がわきます．そして……．

ここではアインシュタインの魅力を詳細に分析する余裕などありません．しかし，私にとって彼の魅力と思われるのは，どこまでいっても彼には裏切られないということなのです．多分これは，他の人々にとっても同様なのでしょう．だからこそ，過去から現在まで，彼に関する夥しい数の本が出版されたのでしょう．そしてそれは，多分，今後

も変わらないと思われます；彼は"実に，つきることのない味を持った人物"（藤永茂）ですから．

　彼が世俗的に成功したこと，そしてそのもととなった諸業績を論文として残しておいてくれたことは幸いです．それによって私たちはこの人物を知り，その魅力をたぐっていくことができるのですから．

桂　愛景（けい よしかげ）

文庫版あとがき

　私は以前,『戯曲　アインシュタインの秘密』という《フィクション》を発表した.《フィクション》とはいえ,執筆にあたっては,アインシュタインの伝記,講演録および論文のいくつかに目を通した.その中にはもちろん,物理学における彼の論文も含まれる.本書はその副産物である.

　『戯曲　アインシュタインの秘密』では,ある趣向のため,二つのペンネームを併用した[1].本書も当初その趣向の延長で,ペンネームの一つを著者名として刊行した.しかし現在,私がペンネームの使用を停止してからずいぶんのときが経過した.そこでこの文庫版では「本名」に変えた.

*

　本書では,アインシュタインが学んだ学校として「(チューリッヒの) スイス連邦工科大学」という名称が数箇所

---

1) 柴谷篤弘ほか『ネオ・アナーキズムと科学批判』リブロポート (1988年), 66-72ページ.

に出現する．板倉聖宣によれば[2]，この学校が「大学に昇格したのは後のことで，彼（アインシュタイン——引用者注）が入学したのは専門学校の〈数学物理教員養成部〉だった」とのことである．しかし本書では，引用した文献における日本語表記として，とくに変更はしなかった．

*

すでにむかしのこととなるが，電力販売を事業とする団体が，全国紙のほぼ1ページ全面にわたるアインシュタインの大きな顔写真を宣伝に用いたことがあった．彼ら事業者は「アインシュタイン先生の御遺志を継いで仕事をしている」との趣旨であった．《原発》のことをいっているのである．私はこの派手で欺瞞的な宣伝に強い怒りを覚えた．

いまや誰の目にも明らかになってしまったが，《原発》はきわめて危険な施設である．また《原発》は，単に危険なだけでなく，人道に反する．《原発》の非人道性とは，事故が起きてしまった場合はもちろんであるが，そうでない《通常の》ときでも，過酷な被曝労働が不可欠なことである[3]．このような危険で非人道的，しかも遠い未来の世

---

[2] 板倉聖宣『科学者伝記小事典』仮説社（2000年）における「アインシュタイン」の項．
[3] たとえば，唐木田健一「紹介：嶋橋美智子著『息子はなぜ白血病で死んだのか』」『化学史研究』**28**（2001），107-108ページ．

代にまで負担を課すような事業の推進は，私の知る限り，アインシュタインの全生涯に反するものである．

さらに《原発》は，経済的にも技術的にも本質的な非合理性（「理」に適っていないこと）を内包する．したがって，その推進は常に虚偽・隠蔽・抑圧と一体であった．他方，本書からも具体的にわかるように，アインシュタインの創造力の源泉は，まさにそのような非合理性に対する鋭敏な感覚にあったのである．

あの恐ろしい事故から1年を迎えつつ，

2012年2月10日

唐木田 健一

索　引

ア

Annalen der Physik　102, 244, 284, 289, 298, 299
アインシュタイン（, A.）　285-290
圧力　255
　光（線）の——　138, 140, 245, 255, 256
アンペールの法則　78

イ

位相　92, 98, 99, 223
一様　52-54, 57, 61, 62, 66, 67, 110, 113, 299
一般相対性理論　53
因数分解　97, 196

ウ

運動　36, 106, 191-193, 195-197, 200
　——エネルギー　147-149, 274, 278, 301
　——系　113
運動方程式　32, 59, 61, 144, 146, 156, 268, 279
　ニュートンの——　31, 59, 61, 156, 269
運動量　155, 257
　——保存の法則　257

エ

XY-平面　15, 22, 55

エーテル　66, 87, 91, 105
エネルギー　137, 299-303
　——原理　140, 255, 256, 300
　——不滅の法則　255, 304
　——密度　97, 239, 240
　運動——　147-149, 274, 278, 301
　光（線）の——　137, 239, 240, 243-245, 252, 255
エルグ　302
円　48
　——運動　280, 281

オ

音速度　84, 87, 231
音波　84

カ

外積　27, 30, 81, 220
回転楕円体　49, 122
ガウス単位系　75
ガウスの法則　79
『科学と仮説』　164
『科学と方法』　164
角振動数　92, 223, 224, 226, 228
角速度　153
加速　269
　——度　31, 39, 59-61, 147, 156, 273, 279
可秤量　148
ガリレイ変換（の式）　53, 56-58, 60-62, 64, 65, 67, 71, 72, 163, 183, 185, 193, 196

関数　17, 18, 32, 41-43, 45-47, 60, 76, 106, 114-116, 129, 167, 172, 175, 201, 270, 276
慣性　299, 303
　――系　52, 53, 56, 66, 151
　――の法則　52, 57, 59, 279

キ

起磁力　132, 221
起電力　104, 127, 131, 221, 222
軌道半径　280
起動力　129, 146
逆変換（の式）　130, 181, 182, 184, 189
　ローレンツの――　185, 189, 223, 241, 270
球　48, 50, 121, 122, 137, 183, 184, 240, 241
　――の体積　48, 137, 240, 243, 266
求心力　280
球面波　118, 183, 184
行列　305
　――式　306
極限 (limit)　36
近似　32-35, 105, 125, 133, 140, 153, 169, 193, 274

ク

空間　114, 175
クーロンの法則　76
群　127

ケ

系　17
携帯電流　79, 141, 156, 257

コ

光学　65, 67, 68, 73, 105, 141
"光源－観測者"の結合線　134, 135, 230-232
光行差　87, 89, 91, 132, 136, 226, 231-233
合成関数　46
　――の微分　39
光線
　――の圧力　138, 140, 245, 255, 256
　――のエネルギー　137, 138, 239, 240, 243-245, 252, 255
　――の（進行）方向　135, 230, 232, 240, 242, 299
光速度　34, 68-73, 75, 91, 102, 109, 122, 126, 193, 220, 270, 273, 300, 304
　――不変性の原理　68, 70, 71, 73, 87, 109, 112, 115, 118, 151, 163, 172, 183, 184, 299
　超――　122, 148
剛体　105, 110, 111, 113, 121, 142
恒等変換　119
光波　86
古典力学　52, 196
コペルニクス (, N.)　91
固有方程式　306
根と係数の関係　308

サ

座標　14, 106, 143, 151
　――系　14, 52-54, 62, 66, 105, 110, 113, 299
　――軸　15, 115
　――の成分　15

作用 62
三角法 25, 29, 89, 195
『三四郎』 246

シ

CGS静電単位 76
CGS電磁単位 77
磁荷 76
時間 56, 106, 109, 114, 122, 161, 175
——の相対性 151, 160
——の定義 107, 109
磁気的質量 129
磁気的偏向性 148
磁気力 76-79, 81-83, 91, 92, 94-96, 99, 128, 129, 132, 136, 141, 148, 201, 209, 214-216, 221, 222, 234, 237, 261, 263, 279, 281
軸 49, 122, 242, 308
仕事 140, 157, 255, 274, 275, 278
磁石 78, 104, 132, 222
『自然哲学の数学的諸原理』 52
質点 154
質量 31, 59, 144, 146, 147, 268, 276, 280, 302, 304
磁場 279
従属する 17, 114
従属変数 17
周波数 74
振動数 74, 84-87, 92, 134, 138, 226, 228, 229, 232, 244-247
振幅 92, 96, 133, 136, 246, 247

ス

スイス連邦工科大学 70, 287, 290
スカラー 23, 24, 31, 220

——積 24

セ

静止系 106, 112, 113
静電場 147
静電力 147, 274, 278
青方偏移 87
積分 275, 276
——の変数 276
赤方偏移 87
接線 37, 281
絶対静止 67, 105
——空間 66, 105
——系 66
絶対値 32
線速度 153

ソ

相対性原理 70-74, 87, 109, 118, 145, 163, 183, 184, 203, 266, 299, 300
アインシュタインの—— 67, 68, 151
ガリレイの—— 57, 59, 62, 65-67, 72, 150
速度 36, 37, 39, 61, 193-195, 275
——の加法規則 196
——の加法定理 62, 64, 71, 124, 143, 191, 196, 264

タ

ダイン 77, 154
楕円 48
楕円体 48, 137, 242, 243, 267, 305, 308
——の体積 50, 137, 242, 267, 305

回転—— 49, 122
縦波 95
縦(の)質量 147, 272
単位
　——磁荷 221
　——電荷 83, 131, 157, 215, 219, 220
　——の大きさ 76
　——ベクトル 21, 93, 223, 226, 228
単極装置 132
短軸 49

チ

力 31, 59, 62, 77, 147, 154, 255, 257, 273
超光速度 122, 148
長軸 49

テ

定数 17, 39-41, 43, 61, 175, 180, 191, 271, 276, 301
　——の微分 39
デカルト 15
　——座標(系) 14, 106
電位差 149
電荷 76, 80, 131, 142, 143, 215, 219, 257, 258, 264, 266-269, 273
　——密度 80, 142, 258, 261, 266, 267
　点—— 131
電気の質量 129
電気的の偏向性 148
電気力学 104, 105, 127, 299
　マクスウェルの—— 104
　——的波 91, 93, 155, 223, 225, 229, 237
電気力 75-83, 91, 92, 94-96, 99, 104, 128, 129, 131, 136, 141, 148, 201, 209, 215, 216, 219-223, 234, 237, 261, 263, 269, 272, 274, 279
電子 78, 142, 144-150, 222, 268-270, 272-276, 278-281, 302
　——の軌道 281
電磁気学 65-68, 73
電場 104

ト

同時刻 106, 107
同時性 106, 109, 112, 161
導体 104, 132, 222
同調 108-112, 114, 123, 152, 160, 161, 167, 170, 177
独立変数 17, 41
時計 105-109, 122-124, 160, 161, 190
　——の遅れ 153, 190
特許局 286-288, 290
ドップラー (, C.J.) 84
ドップラー原理 132, 135
ドップラー (-フィゾーの)効果 84-87, 132, 226, 228-231
　音の—— 84, 230, 231
　光の—— 155, 230

ナ

内積 24-26, 29, 95, 96, 233
夏目漱石 246
波
　——の強度 238
　——の(進行)方向 92, 95, 98,

99, 155, 223, 225, 226, 231, 233, 240
——振幅 136, 238

ニ

ニュートン (, I.) 52
——の運動方程式 31, 59, 61, 156, 269
——の第一法則 59
——の第二法則 59, 157, 280
——の第三法則 62
——力学 52, 65, 106

ハ

場 77, 78
波源 84, 132
反作用 62
ハンス・アルバート (・アインシュタイン) 287

ヒ

ビオ-サヴァールの法則 78
光
——の圧力 138, 140, 245, 255, 256
——のエネルギー 137, 138, 239, 240, 243-245, 252, 255
——の振動数 86
——のドップラー効果 155, 230
——の媒質 66, 87, 104
微小量 38, 44, 45, 115, 173, 177, 219
ピタゴラスの定理 20, 88, 171
微分 37, 39
——の定義 35, 37
合成関数の—— 39
定数の—— 39
複数の変数をもつ合成関数の—— 46

フ

ファラデーの電磁誘導 78
ファラデーの法則 78
フィゾー (, A.H.L.) 84
輻射 147, 156, 302, 303
——圧 136
『物理学年報』 284
ブラッドリー (, J.) 91
プランク (, M.) 157
——の定数 245
『プリンキピア』 52

ヘ

平行四辺形の法則 21-23, 125, 193
平行変換 127
並進運動 54, 56, 57, 62, 67, 110, 113, 119, 126, 145, 299
平面 (光) 波 98, 99, 138, 299, 300
冪 (ベキ) 33, 132, 218
ベクトル 19-32, 75, 219
——積 27, 28, 132, 220
——とスカラーの積 23, 81, 220
——の大きさ 20
——の外積 27, 30, 81, 220
——の成分 20, 31
——のたし算 21, 220
——の内積 24-26, 29, 95, 96, 233
——のなす角度 26
——の方向 28
——和 21, 22

振幅—— 95
単位—— 21, 93, 223, 226, 228
ベッソー (, M.) 150, 290-293
ヘルツ (, H.) 73, 74
変換（方程）式 118-120, 124, 133, 142, 145, 180, 261, 263
偏向作用 148
偏向力 82, 83, 149, 279
偏微分 41, 43-47, 78, 94, 152, 167, 168, 170, 175, 204

ホ

ポアンカレ (, J.H.) 163, 164
方向余弦 92, 133, 137
法線 92, 133, 135, 137, 299
棒の長さ 111, 112, 120, 161, 165, 187, 188
『方法序説』 15
補足条件（式） 79, 80, 207

マ

マイケルソンとモーリーの実験 66
マクスウェル (, J.C.) 73, 78, 246
——の電気力学 104
——(-ヘルツ)（の）方程式 73-75, 79, 91, 94, 127, 129, 141, 154, 155, 200, 202, 209, 214, 218, 222, 238, 257, 258, 263, 299
——理論 72, 105, 287
マッハ (, E.) 290
マヤ (・アインシュタイン) 291

ミ

ミレーヴァ (・アインシュタイン) 287

ヨ

横波 95
横（の）質量 147, 272

ラ

ラジアン 233

リ

力学 53, 62, 66-68, 74, 105
ニュートン—— 52, 65, 106
『力学の発展』 290
量子論 245

レ

レベデフ (, P.N.) 246, 256

ロ

ローレンツ (, H.A.) 69, 142, 143, 163
——の逆変換式 185, 189, 223, 241, 270
——変換（の式） 70, 152, 163, 164, 167, 170, 175, 177, 181, 183-186, 189, 196, 198, 201, 209, 271
——力 70, 81-83, 216, 220

ワ

YZ-平面 15

本書は、一九八八年九月九日、桂愛景著『基礎からの相対性理論——原論文を理解するために』としてサイエンスハウスより刊行された。

新・自然科学としての言語学　福井直樹　気鋭の文法学者によるチョムスキーの生成文法解説書。文庫化にあたり旧著を大幅に増補改訂し、付録として黒田成幸の論考「数学と生成文法」を収録。

電気にかけた生涯　藤宗寛治　実験・観察にすぐれたファラデー、電磁気学にまとめたマクスウェル、ほかにクーロンやオームなど科学者十二人の列伝を通して電気の歴史をひもとく。

πの歴史　ペートル・ベックマン／田尾陽一／清水韶光訳　円周率だけでなく意外なところに顔をだすπ。ユークリッドやアルキメデスによる探究の歴史に始まり、オイラーの発見したπの不思議にいたる。

やさしい微積分　L・S・ポントリャーギン／坂本實訳　微積分の基本概念・計算法を全盲の数学者がイメージ豊かに解説。版を重ねて読み継がれる定番の入門教科書。練習問題・解答付きで独習にも最適。

フラクタル幾何学(上)　B・マンデルブロ／広中平祐監訳　「フラクタルの父」マンデルブロの主著。膨大な資料を基に、地理・天文・生物などあらゆる分野から事例を収集・報告したフラクタル研究の金字塔。

フラクタル幾何学(下)　B・マンデルブロ／広中平祐監訳　「自己相似」が織りなす複雑で美しい構造とは。そのエリートととフラクタル発見までの歴史を豊富な図版とともに紹介。

数学基礎論　前原昭二　集合をめぐるパラドックス、ゲーデルの不完全性定理からファジー論理、P＝NP問題などのより現代的な話題まで。大家による入門書。(田中一之)

現代数学序説　松坂和夫　『集合・位相入門』などの名教科書で知られる著者による、懇切丁寧な入門書。組合せ論・初等数論を中心に、現代数学の一端に触れる。

工学の歴史　三輪修三　オイラー、モンジュ、フーリエ、コーシーらは数学者であり、同時に工学の課題に方策を授けていた。「ものつくりの科学」の歴史をひもとく。(荒井秀男)

和算の歴史 平山 諦

素粒子と物理法則 S・R・P・ファインマン/ワインバーグ 小林澈郎訳

ゲームの理論と経済行動I（全3巻） ノイマン/モルゲンシュテルン 銀林/橋本/宮本監訳 阿部修訳

ゲームの理論と経済行動II ノイマン/モルゲンシュテルン 銀林/橋本/宮本監訳 橋本宮本下島訳

ゲームの理論と経済行動III ノイマン/モルゲンシュテルン 銀林/橋本/宮本監訳 銀林訳

計算機と脳 J・フォン・ノイマン 柴田裕之訳

数理物理学の方法 J・フォン・ノイマン 伊東恵一編訳

作用素環の数理 J・フォン・ノイマン 長田まりゑ編訳

フンボルト 自然の諸相 アレクサンダー・フォン・フンボルト 木村直司編訳

関孝和や建部賢弘らのすごさと弱点とは。そして和算がたどった歴史とは。和算研究の第一人者による簡潔にして充実の入門書。（鈴木武雄）

量子論と相対論を結びつけるディラックのテーマを対照的に展開したノーベル賞学者による追悼記念講演。現代物理学の本質を堪能させる三重奏。

今やさまざまな分野への応用いちじるしい「ゲーム理論」の嚆矢とされる記念碑的著作。第I巻はゲームの形式的記述とゼロ和2人ゲームについて。

第I巻でのゼロ和2人ゲームの考察を踏まえ、第II巻ではプレイヤーが3人以上の場合のゼロ和ゲーム、およびゲームの合成分解について論じる。

第III巻では非ゼロ和ゲームにまで理論を拡張、これまでの数学的結果をもとにいよいよ経済学的解釈を試みる。全3巻完結。（中山幹夫）

脳の振る舞いを数学で記述することは可能か？ 現代のコンピュータの生みの親でもあるフォン・ノイマン最晩年の考察。新訳。（野﨑昭弘）

多岐にわたるノイマンの業績を展望するための文庫オリジナル編集。本巻は量子力学・統計力学など物理学の重要論文四篇を収録。全篇新訳。

終戦直後に行われたノイマンの業績を展望する講演「数学者」と、「作用素環としての作用素環」についての I〜IV の計五篇の作用素環を確立した記念碑的業績を網羅する。

中南米オリノコ川で見かけたものとは？ 植生と気候、緯度と地磁気などの関係を初めて認識した、ゲーテの自然学を継ぐ博物・地理学者の探検紀行。

エキゾチックな球面	野口廣	7次元球面には相異なる28通りの微分構造が可能！フィールズ賞受賞者を輩出したトポロジー最前線を臨場感ゆたかに解説。(竹内薫)
数学の楽しみ	テオニ・パパス 安原和見訳	ここにも数学があった！石鹸の泡、くもの巣、雪片曲線、一筆書きパズル、魔方陣、DNAらせん……。イラストも楽しい数学入門150編。
相対性理論(下)	W・パウリ 内山龍雄訳	アインシュタインが絶賛し、物理学者内山龍雄をして「研究のためでも訳したかったと言わしめた」相対論三大名著の一冊。
物理学に生きて	W・ハイゼンベルクほか 青木薫訳	「わたしの物理学は……」ハイゼンベルク、ディラック、ウィグナーら六人の巨人たちが集い、それぞれの歩んだ現代物理学の軌跡や展望を語る。(細谷暁夫)
調査の科学	林知己夫	消費者の嗜好や政治意識を測定するとは？ 集団特性の数量的表現の解析手法を開発した統計学者による社会調査の論理と方法の入門書。(吉野諒三)
ポール・ディラック	アブラハム・パイスほか 藤井昭彦訳	「反物質」なるアイディアはいかに生まれたのか、そしてその存在は発見されたのか。天才の生涯と業績を三人の物理学者が紹介した講演録。
近世の数学	原亨吉	ケプラーの無限小幾何学からニュートン、ライプニッツの微積分学誕生に至る過程を、原典資料を駆使して考証した世界水準の作品。(三浦伸夫)
パスカル 数学論文集	ブレーズ・パスカル 原亨吉訳	「パスカルの三角形」で有名な「数三角形論」ほか「円錐曲線論」「幾何学的精神について」など十数篇の論考を収録。世界的権威による翻訳。(佐々木力)
幾何学基礎論	D・ヒルベルト 中村幸四郎訳	20世紀数学全般の公理化への出発点となった記念碑的著作。ユークリッド幾何学を根源まで遡り、斬新な観点から厳密に基礎づける。(佐々木力)

現代数学入門　遠山啓

現代数学、恐るるに足らず！　学校数学より日常の感覚の中に集合や構造、関数や群、位相の考え方を探る大人のための入門書。(エッセイ　亀井哲治郎)

代数入門　遠山啓

文字から文字式へ、そして方程式へ。巧みな例示と丁寧な叙述で「方程式とは何か」を説いた最晩年の名著。遠山数学の到達点がここに！　(小林道正)

生物学の歴史　中村禎里

進化論や遺伝の法則は、どのような論争を経て決着したのだろう。生物学とその歴史を高い水準でまとめあげた壮大な通史。充実した資料を付す。

不完全性定理　野﨑昭弘

理屈っぽいとケムたがられた話題を、なるほどと納得させながらユーモアたっぷりにひもといたゲーデルへの超入門書。事実・推論・証明……。いまさら数学者にはなれないけれどそれを楽しめたら。

数学的センス　野﨑昭弘

美しい数学とは詩なのです。いまさら数学者にはなれないけれどそれを楽しめたら。そんな期待に応えてくれる心やさしいエッセイ風数学再入門。

高等学校の確率・統計　黒田孝郎／森毅／小島順／野﨑昭弘ほか

成績の平均や偏差値はおなじみでも、実務の水準から隔たりが！　基礎からやり直したい人のために伝説の検定教科書を指導書付きで復活。

高等学校の基礎解析　黒田孝郎／森毅／小島順／野﨑昭弘ほか

わかってしまえば日常感覚に近いものながら、数学挫折のきっかけの微分・積分。その基礎を丁寧にひもといた再入門のための検定教科書第2弾！

高等学校の微分・積分　黒田孝郎／森毅／小島順／野﨑昭弘ほか

高校数学のハイライト「微分・積分」。その入門コース『基礎解析』に続く本格コース。公式暗記の学習コースからほど遠い、特色ある教科書の文庫化第3弾。

トポロジーの世界　野口廣

ものごとを大づかみに捉える、数式に不慣れな読者との対話形式で、その極意を図を多用し平易・直感的に解き明かす入門書。(松本幸夫)

高橋秀俊の物理学講義

物理学入門
高橋秀俊

ロゲルギストを主宰した研究者の物理的センスとは。力について、「示量変数と示強変数」、ルジャンドル変換、変分原理などの汎論四〇講。ギリシャの力学から惑星の運動解明まで、理論変革の跡をひも解いた科学論。三段階論で知られる著者の入門書。（上條隆志）

数は科学の言葉
トビアス・ダンツィク 水谷淳訳

数感覚の芽生えから実数論・無限論の誕生まで、数万年にわたる人類と数の歴史を活写。アインシュタインも絶賛した数学読み物の古典的名著。

一般相対性理論
P.A.M.ディラック 江沢洋訳

一般相対性理論の核心に最短距離で到達すべく、卓抜けた数学的記述で簡明直截に書かれた天才ディラックによる入門書。詳細な解説を付す。

幾何学
ルネ・デカルト 原亨吉訳

哲学のみならず数学においても不朽の功績を遺したデカルト。『方法序説』の本論として発表された『幾何学』、初の文庫化！（佐々木力）

不変量と対称性
リヒャルト・デデキント 渕野昌訳・解説 今井淳／寺尾宏明／中村博昭

変えても変わらない不変量とは？　そしてその意味や用途とは？　ガロア理論や結び目の現代数学に現われる、上級の数学センスをさぐる7講義。

物理の歴史
朝永振一郎編

「数とは何かそして何であるべきか？」「連続性と無理数」の二論文を収録。現代の数学の基礎付けを試みた充実の訳者解説を付す。（江沢洋）

湯川秀樹のノーベル賞受賞。その中間子論とは何のだろう。日本の素粒子論を支えてきた第一線の学者たちによる平明な解説書。

代数的構造
遠山啓

群・環・体など代数の基本概念の構造を、卓抜な比喩とていねいな計算で確かめていく抽象代数学入門。（銀林浩）

若き数学者への手紙	イアン・スチュアート 冨永星訳	研究者になるってどういうこと? 現役で活躍する数学者が豊富な実体験を紹介。数学との付き合い方から「してはいけないこと」まで。(砂田利一)
飛行機物語	鈴木真二	なぜ金属製の重い機体が自由に空を飛べるのか? その工学的技術を、リリエンタール、ライト兄弟などのエピソードをまじえ歴史的にひもとく。
集合論入門	赤攝也	「ものの集まり」という素朴な概念が生んだ奇妙な世界、集合論。部分集合・空集合などの基礎から、丁寧な叙述で連続体や順序数の深みへと誘う。
確率論入門	赤攝也	ラプラス流の古典確率論とボレル-コルモゴロフ流の現代確率論。両者の関係性を意識しつつ、確率の基礎概念と数理を多数の例とともに丁寧に解説。
微積分入門	W・W・ソーヤー 小松勇作訳	微積分の考え方は、日常生活のなかから自然に出てくるものか。「∫や『lim』の記号を使わず、具体例に沿って説明した定評ある入門書。
新式算術講義	高木貞治	算術は現代でいう数論。数の自明を疑わない明治の読者にその基礎を当時の最新学説で説く。『解析概論』の著者若き日の意欲作。(瀬山士郎)
数学の自由性	高木貞治	大数学者が軽妙洒脱に学生たちに数学を語る! 60年ぶりに復刻された人柄のにじむ幻の同名エッセイ集を含む文庫オリジナル。(高瀬正仁)
ガウスの数論	高瀬正仁	青年ガウスは目覚めとともに正十七角形の作図法を思いついた。初等幾何に露頭した数論の一端! 創造の世界の不思議に迫る原典講読第2弾。
量子論の発展史	高林武彦	世界の研究者と交流した著者による量子理論史。その物理的核心をみごとに射抜き、理論探求の醍醐味を生き生きと伝える。新組。(江沢洋)

数学で何が重要か	志村五郎	ピタゴラスの定理とヒルベルトの第三問題、数学オリンピック、ガロア理論のことなど。文庫オリジナル書き下ろし第三弾。
数学をいかに教えるか	志村五郎	日米両国で長年教えてきた著者が日本の教育を斬る! 掛け算の順序問題、悪い証明と間違えやすい公式のことなどから外国語の教え方まで。
通信の数学的理論	C・E・シャノン/W・ウィーバー 植松友彦訳	IT社会の根幹をなす情報理論はここから始まった。発展もいちじるしい最先端の分野に、今なお根源的な洞察をもたらす古典的論文が新訳で復刊。
数学という学問Ⅰ	志賀浩二	ひとつの学問として、広がり、深まりゆく数学。数・微積分・無限など「概念」の誕生と発展を軸にその歩みを辿る。オリジナル書き下ろし。全3巻。
数学という学問Ⅱ	志賀浩二	第2巻では19世紀の数学を展望。数概念の拡張によりもたらされた複素解析のほか、フーリエ解析、非ユークリッド幾何誕生の過程を追う。
数学という学問Ⅲ	志賀浩二	19世紀後半、「無限」概念の登場とともに数学は大転換を迎える。カントルとハウスドルフの集合論、そしてユダヤ人数学者の寄与について。全3巻完結。
現代数学への招待	志賀浩二	「多様体」は今や現代数学必須の概念。「位相」「微分」などの基礎概念を丁寧に解説・図説しながら、多様体のもつ深い意味を探ってゆく。
シュヴァレー リー群論	クロード・シュヴァレー 齋藤正彦訳	現代的な視点から、リー群を初めて大局的に論じた古典的著作。著者の導いた諸定理はいまなお有用性を失わない。本邦初訳。
現代数学の考え方	イアン・スチュアート 芹沢正三訳	現代数学は怖くない。「集合」「関数」「確率」などの基本概念をイメージ豊かに解説。直観で現代数学の全体を見渡せる入門書。図版多数。

(平井武)

物語数学史	小堀 憲	古代エジプトから二十世紀のヒルベルトまでの数学の歩みから、日本の数学「和算」にも触れつつ一般向けに語った通史。(菊池誠)
確率論の基礎概念	A・N・コルモゴロフ 坂本實訳	確率論の現代化に決定的な影響を与えた、有名な論文『確率論における解析的方法について』を併録。全篇新訳。(菊池誠)
雪の結晶はなぜ六角形なのか	小林禎作	雪が降るとき、空ではどんなことが起きているのだろう。自然が作りだす美しいミクロの世界を、科学の目でのぞいてみよう。
物理現象のフーリエ解析	小出昭一郎	熱・光・音の伝播から量子論まで、振動・波動にもとづく物理学思想をフーリエ変換の関わりを丁寧に解説。物理学の泰斗による名教科書。(千葉逸人)
ガロワ正伝	佐々木力	最大の謎、決闘の理由がついに明かされる! 難解なガロワの数学思想をひもときつつ、星と時空の謎に挑んだ物理学者たちの後世の数学者たちにも迫った、文庫版オリジナル書き下ろし。
ブラックホール	R・ルフィーニ 佐藤文隆訳	相対性理論から浮かび上がる宇宙の「穴」。星と時空の謎に挑んだ物理学者たちの奮闘の歴史と今日的課題に迫る。写真・図版多数。
数学をいかに使うか	志村五郎	量子力学の発展は私たちの自然観・人間観にどのような変革をもたらしたのか。『生命とは何か』に続く晩年の思索。文庫オリジナル書き下ろし。
自然とギリシャ人・科学と人間性	エルヴィン・シュレーディンガー 水谷淳訳	「何でも厳密に」などとは考えてはいけない——。世界の数学者が教える「使える」数学とは。文庫版オリジナル書き下ろし。
数学の好きな人のために	志村五郎	世界の数学者が教える「使える」数学第二弾。非ユークリッド幾何学、リー群、微分方程式論、ド・ラームの定理など多彩な話題。

書名	著者/訳者	内容紹介
ゲーテ形態学論集・動物篇	ゲーテ 木村直司編訳	多様性の原型。それは動物の骨格に潜在的に備わる「生きて発展する刻印されたフォルム」。ゲーテ思想が革新的に甦る。文庫版新訳オリジナル。
ゲーテ地質学論集・鉱物篇	ゲーテ 木村直司編訳	地球の生成と形成を探って岩山をよじ登り洞窟を降りる詩人。鉱物学・地質学的な考察や紀行から、新たなゲーテ像が浮かび上がる。文庫オリジナル。
ゲーテ スイス紀行	ゲーテ 木村直司編訳	ライン河の泡立つ瀑布、万年雪をいただく峰々。スイス体験的背景をもたらしたものとは？ ゲーテ自然科学の体験的背景をもたらした本邦初の編訳書。
ゲルファント やさしい数学入門 関数とグラフ	ゲルファント/グラゴレワ/シノール 坂本實訳	数学でも「大づかみに理解する」ことは大事。グラフ化=可視化は、関数の振舞いをマクロに捉える強力なツールだ。
ゲルファント やさしい数学入門 座標法	ゲルファント/グラゴレワ/キリロフ 坂本實訳	座標は幾何と代数の世界をつなぐ重要な概念。数直線のおさらいから四次元の座標幾何までを、世界的数学者が丁寧に解説する入門書。
幾何学入門(上)	H・S・M・コクセター 銀林浩訳	著者は「現代のユークリッド」とも称される20世紀最大の幾何学者。古典幾何のあらゆる話題が詰まった、辞典級の充実度を誇る入門書。
和算書「算法少女」を読む	小寺裕	娘あきが挑戦していた和算とは？ 歴史小説『算法少女』のもとになった和算書の全問をていねいに読み解く。(エッセイ 遠藤寛子、解説 土倉保)
解析序説	小林龍一/廣瀬健/佐藤總夫	自然や社会を解析するための、「活きた微積分」のセンスを磨く！ 差分・微分方程式までを丁寧にカバーした入門者向け学習書。(笠原晧司)
大数学者	小堀憲	決闘の凶弾に斃れたガロア、革命の動乱で失職したコーシー……激動の十九世紀に活躍した数学者たちの、あまりに劇的な生涯。(加藤文元)

医学概論	川喜田愛郎	医学の歴史、ヒトの体と病気のしくみを概説。現代医療で見過ごされがちな「病人の存在」を見据えつつ、「医学とは何か」を考える。(酒井忠昭)
ガウス 数論論文集	ガウス 高瀬正仁 訳	成熟した果実のみを提示したと評されるガウス。しかし原典からは考察の息づかいが読み取れる。4次剰余理論など公表した5篇すべてを収録。本邦初訳。
初等数学史(上)	フロリアン・カジョリ 小倉金之助 補訳 中村 滋 校訂	厖大かつ精緻な文献調査にもとづく記念碑的著作。古代エジプト・バビロニアからギリシャ・インド・アラビアへいたる歴史を概観する。図版多数。(野﨑昭弘)
初等数学史(下)	フロリアン・カジョリ 小倉金之助 補訳 中村 滋 校訂	商業や技術の一環としても発達した数学。下巻は対数・小数の発明、記号代数学の発展、非ユークリッド幾何学など。文庫化にあたり全面的に校訂。
複素解析	笠原乾吉	複素数が織りなす、調和に満ちた美しい数の世界とは。微積分に関する基本事項から楕円関数の話題までがコンパクトに詰まった、定評ある入門書。
初等整数論入門	銀林 浩	「神が作った」とも言われる整数。そこには単純に見えて、底知れぬ深い世界が広がっている。互除法、合同式からイデアルまで。(伊東俊太郎)
原典による生命科学入門	木村陽二郎	ヒポクラテスの医学からラマルク、ダーウィン、そしてワトソン―クリックまで、世界を変えた医学・生物学の原典10篇を抄録。
算数の先生	国元東九郎	2÷1/2は3で割り切れる。それを見分ける簡単な方法があるという。数の話に始まる物語ふうの小学校高学年むけの世評名高い算数学習書。(板倉聖宣)
新しい自然学	蔵本由紀	科学的知のいびつさが様々な状況で露呈する現代、非線形科学の泰斗が従来の科学観を相対化し、全く新しい自然の見方を提唱する。(中村桂子)

ちくま学芸文庫

原論文で学ぶ　アインシュタインの相対性理論
げんろんぶん　まな　　　　　　　　　　　　そうたいせいりろん

二〇一二年四月　十　日　第一刷発行
二〇一八年九月二十五日　第三刷発行

著　者　唐木田健一（からきだ・けんいち）
発行者　喜入冬子
発行所　株式会社　筑摩書房
　　　　東京都台東区蔵前二-五-三　〒一一一-八七五五
　　　　電話番号　〇三-五六八七-二六〇一（代表）
装幀者　安野光雅
印　刷　大日本法令印刷株式会社
製　本　株式会社積信堂

乱丁・落丁本の場合は、送料小社負担でお取り替えいたします。
本書をコピー、スキャニング等の方法により無許諾で複製することは、法令に規定された場合を除いて禁止されています。請負業者等の第三者によるデジタル化は一切認められていませんので、ご注意ください。

© KEN-ICHI KARAKIDA 2012　Printed in Japan
ISBN978-4-480-09442-1　C0142